高等学校"十二五"规划教材

航空器适航性概论

主　编　徐浩军
编　者　张登成　郭基联　张艳华　刘　凌
苏新兵　刘东亮

西北工業大學出版社

【内容简介】 本书介绍了航空器适航性的发展历史、定义与内涵，国内外航空器适航性的法规体系，航空器初始适航管理与适航符合性验证方法，航空器持续适航管理，航空器系统安全性设计程序与管理，并给出了案例，最后介绍了国外军用航空器适航性的发展情况。

本书主要作为航空院校航空工程专业本科生和研究生的教学用教材，也可作为航空器从业人员的参考用书。

图书在版编目(CIP)数据

航空器适航性概论/徐浩军主编. —西安：西北工业大学出版社，2012.2 (2014.6重印)

ISBN 978-7-5612-3319-1

Ⅰ.①航… Ⅱ.①徐… Ⅲ.①航空器—适航性—概论 Ⅳ.①V328.5

中国版本图书馆CIP数据核字(2012)第023303号

出版发行：西北工业大学出版社
通信地址：西安市友谊西路127号 **邮编**：710072
电　　话：(029)88493844　88491757
网　　址：www.nwpup.com
印 刷 者：陕西向阳印务有限公司
开　　本：727 mm×960 mm　1/16
印　　张：14
字　　数：297千字
版　　次：2012年2月第1版　　2014年6月第2次印刷
定　　价：30.00元

前　言

航空器适航性(Airworthiness)是指航空器适合/适应于飞行(Fit to fly)的能力,是指该航空器包括其部件及子系统整体性能和操纵特性在预期运行环境和使用限制下的安全性和物理完整性的一种品质,是航空器的固有属性。适航性是个抽象的、物理的、全过程的集合,它是通过航空器全寿命周期内的设计、制造、试验、使用、维护和管理的各个环节来实现和保持的。

适航性这个词并不是出于理论或学术研究的需要,也不是出于设计、制造航空器的需要,而是出于为维护公众利益的民用航空立法的需要。早期航空科学技术不发达,事故频发,公众要求政府做出规定,以禁止不安全的航空器飞行。因此,从一开始,适航性这个词就与政府机构对民用航空器安全性的控制和管理联系在一起。在民用航空活动的实践中,为达到某种适航性,民用航空器必须符合法定的适航标准和处于合法的受控状态。

航空器适航性是依照批准的用途和限定范围,要求航空器应始终处于保持符合其型号设计和始终处于安全运行状态,特定航空器系统的构型能够安全地实现、保持、完成和终止飞行的特性,航空器(包括其部件及子系统)在运行过程中不对机上人员、地面人员以及设施造成显著危害的能力。适航性要求首先体现在技术方面:系统安全性与物理完整性;其次体现在管理方面:技术状态与过程控制的管理等。

适航性包括初始适航性和持续适航性。初始适航性保证飞机在设计和研制阶段满足适航性指标和要求,飞机通过初始适航审定就可取得适航证。持续适航性是指飞机交付使用以后适航性的保持,其核心是为了保障飞机的使用安全性。可以说,初始适航是飞机走向成功的开端,持续适航是全寿命成功的基础。初始适航性关注适航性的审定与验证,持续适航性关注适航性的监督与管理。

根据我国民用和军用航空器装备发展中加强对航空器安全性系统设计、管理和验证的需要,我们编写了本教材。书中介绍了航空器适航性的发展历史、定义与内涵,国内外航空器适航性的法规体系,航空器初始适航性管理与适航符合性验证方法，航空器持续适航性管理，航空器系统安全性设计程序与管理，并给出了案例，最后介绍了国外军用航空器适航性的发展情况。本书主要作为航空院校航空工程专业本科生和研究生的教学用教材，也可作为航空器设计和管理等从业人员的参考用书。

本书由徐浩军主编。第一、七章由徐浩军编写，第二章由张艳华编写，第三章由刘凌编写，第四章由苏新兵、徐浩军编写，第五章由刘东亮编写，第六章由郭基联、张艳华编写，第八至十章由张登成、徐浩军编写。

由于水平有限，书中难免有不足之处，诚恳希望各方面专家和读者批评指正。

编　者

2011 年 11 月

目　录

第一章　航空器适航性概述

1.1　航空器适航性的定义与内涵

1.1.1　定义

适航，即适航性的简称，它是航空器一种属性的专用词，其英文是"Airworthiness"。

早期一般辞典的定义：适航性是航空器适宜于空中飞行的性质。

1980 年，美国科学院在《改进航空安全性》的报告中所给出的定义：适航性是"在预期的使用环境中和在经申明并被核准的使用限制之内运行时，航空器（包括其部件和子系统、性能和操纵特点）的安全性和物理完整性。"

1983 年，在日本《航空宇宙辞典》中适航性被定义为："从确保安全的立场出发，民用航空器的性能强度及构造特性、装备程度、方法的总称。"

1992 年，德国 LBA 对适航性的定义是："航空器的设计、制造符合可接受的安全标准和达到适当的要求（在预期的使用环境中和在经申明并被核准的使用限制下），并具有与可接受的大纲一致的维修。"

美国民用航空系统及设备的安全性评估方法与指南（SAE ARP 4761）把适航性定义为"飞机、飞机系统及部件安全运行并实现其预定功能的状态"。

美国军机适航性审定标准（MIL－HDBK－516B）把适航性定义为"航空器系统在规定的使用范围和限制内能够安全地开始、保持和完成飞行的特性"。

随着航空科学技术的进步和民用航空的发展，以及对航空安全认识的深化，适航性的概念也在不断发展。尽管上述列举的适航性定义和解释不尽相同，但有其共同的几个要点：

（1）均以在实际飞行中所应具有的安全性为归宿。

（2）逐步强调了综合因素，是抽象的集合概念，是航空器中每一涉及安全的部件和子系统，以及整体性能和操纵特点的安全品质的综合反应。

（3）强调了适航性是以预期运行环境的航空器使用限制为界定条件的；预

期运行环境包括大气、机场、航路、空中交通管制等。使用限制包括速度、高度、重心、质量以及发动机和其他设备的使用限制。

(4)逐步扩展到持续运行的动态因素——维修和使用等。

(5)外延由民用航空器及军事、海关、警察等部门使用的国家航空器逐渐推广到军用航空器。

总体来讲,适航性是指航空器适合/适应于飞行(Fit to fly)的能力,是航空器的固有属性。适航性是通过航空器全寿命周期内的设计、制造、试验、使用、维护和管理的各个环节来实现和保持的。适航性要求首先体现在技术方面:系统安全性与物理完整性;其次体现在管理方面:技术状态与过程控制的管理等。

适航性是一个抽象的、物理的、全过程的集合。航空器的适航性是指该航空器包括其部件及子系统整体性能和操纵特性在预期运行环境和使用限制下的安全性和物理完整性的一种品质。这种品质要求航空器应始终处于保持符合其型号设计和始终处于安全运行状态。

适航性这个词并不是出于理论或学术研究的需要,也不是出于设计、制造航空器的需要,而是出于为维护公众利益的民用航空立法的需要。早期航空科学技术不发达,事故频发,公众要求政府做出规定,以禁止不安全的航空器飞行。因此,从一开始,适航性这个词就与政府机构对民用航空器安全性的控制和管理联系在一起。在民用航空活动的实践中,为达到某种适航性,民用航空器必须符合法定的适航标准和处于合法的受控状态。

1.1.2 内涵

通常说"离地三尺,就有适航"。适航性不仅是民用航空器的固有属性,同样也是国家航空器(军用、警察、海监、应急救援)的固有属性,欧美主要航空发达国家在军、民用航空器适航性方面都有相应的技术与管理要求。

适航性是依照批准的用途和限定范围,特定航空器系统的构型能够安全地实现、保持、完成和终止飞行的特性,航空器(包括其部件及子系统)在运行过程中不对机上人员、地面人员以及设施造成显著危害的能力。

适航性包括初始适航性和持续适航性。初始适航性保证飞机在设计和研制阶段满足适航性指标和要求,飞机通过初始适航审定就可取得适航证;持续适航性是指飞机交付使用以后适航性的保持,其核心是为了保障飞机的使用安全性。可以说,初始适航是飞机走向成功的开端,持续适航是全寿命成功的基础。初始适航性关注适航性的审定与验证,持续适航性关注适航性的监督与管理。

初始适航审定是在航空器交付使用之前，适航管理部门依据各类适航标准和规范，对航空产品设计、制造的审定，以颁发型号合格证、生产许可证和适航证为主要管理内容，通过一系列规章和程序来验证航空产品的设计特性、使用性能以及制造质量和安全状态，以确保航空器和航空器部件的设计、制造按照适航部门的规定进行。持续适航性审定是在航空器投入使用之后，依据各种使用、维护、维修和改进等方面的标准，使其适航性得以保持。

1.2 航空器适航性的发展历史及研究现状

1.2.1 国外航空器适航性的发展历史及研究现状

依照《国际民用航空公约》，各成员国须建立民用航空器适航管理机构，履行国家适航部门的职责，开展民用航空器适航管理工作。各缔约国之间，承允在关于民用航空器、维修机构、维修人员等方面的规章、标准、程序及工作组织诸方面的合作，力求取得最大程度上的一致。世界上多数国家早已开展适航管理工作。美国的适航管理已有 60 多年的历史，西欧各国也有几十年历史，就连第三世界一些国家如印度尼西亚、巴西等国也走上了科学、先进的适航管理轨道。国外很多国家的适航部门除审定、颁发本国民用航空器制造部门的型号合格证和生产许可证，对其登记的民用航空器维修许可、人员执照等进行审定外，还对从国外进口的民用航空器进行型号审定或认可审查，对本国登记的航空器向国外送修须进行审查批准，以维护国家主权和保障民用航空安全。履行《国际民用航空公约》缔约国所承担的责任和义务，保障民用航空安全，维护公众利益，促进民用航空事业的发展。这是一项国际性很强的工作。

飞机的适航性源于安全性，飞机安全性的研究经历了事故调查、事故预防、系统安全、综合预防等阶段，最后演化为适航性。美国民航最早提出了适航的概念，目前其民用航空器适航技术和管理体系已经非常成熟。为了提高军用航空器的安全水平，美军从 20 世纪 80 年代在借鉴民航适航性的基础上，把适航理念引入了军用航空领域，时至今日，经过了 20 多年的发展，现已形成了较为完整的适航体系。适航审定不但对航空器从技术层面进行安全审定，而且站在整个航空运输系统的层面上，从技术和管理两个方面为航空器安全水平把关。在民航方面，FAR(联邦航空条例)系列对一般商用飞机、运输机、旋翼机、运输旋翼机、航空发动机等都有具体的适航审定标准，欧洲民航的

JAR和我国民航的CCAR都相应地直接引入了FAR。俄罗斯沿用了苏联的适航标准——《苏联民用机适航规范》,伊尔-76飞机的设计经过了其审定。

美国军用航空器的适航性要求是由航空器安全性技术发展演变而来的,它主要经历了如下5个阶段的发展:事故调查阶段(20世纪20年代初期至40年代前期);事故预防阶段(20世纪40年代中期至60年代中期);实施系统安全阶段(20世纪60年代后期至80年代中期);综合预防阶段(20世纪80年代中期至90年代中期);军机适航性发展阶段(21世纪)。

美国军方适航审定的依据是MIL-HDBK-516B。为使军机灾难性事故率达到百万飞行小时率级,美国国防部于2002年10月颁布了MIL-HDBK-516"军机适航性审查标准"。先后于2004年2月、2005年9月颁布了A版、B版,其适用范围从原版只涉及空军扩大到A版、B版涉及空军、海军、陆军;2008年2月29日又对B版进行了修订。其中引用和参考了国防部规范、标准、手册,政府出版物和非政府出版物共220多项标准规范等技术文件,包括系统工程、结构、飞行技术、推进系统及安装、航空器子系统、机组人员系统、航空电子、电气系统、电磁环境效应(E3)、系统安全、计算机设备、维修性、乘客安全以及材料等近900项审查条款。

美军对F-15和F-16改型、F-22、F-35已开展了适航性审定工作,并成功地对"全球鹰"无人机完成了适航审定。欧美各主要航空国家的军方都有适航审定机构,负责军机的适航审定工作。

英国、法国、德国、意大利、西班牙、荷兰、波兰、加拿大、澳大利亚等国军方也已开展了军用航空器适航性工作。印度于1995年成立了"军机适航性与审查中心(CEMILAC)",其目的是巩固和加强军机适航性工作。中国台湾地区也成立了"军用飞机设计制造适航验证中心",负责管理军机及其零组件的设计、制造、组装过程和产品的验证,并积极推广相关的验证技术。

1.2.2 国内航空器适航性的发展历史及研究现状

自1949年11月民航局组建成立到20世纪80年代初,民航局的体制经过数次变革。在相当长的时间里,民航的技术业务、飞行、政工、人事管理等工作主要由空军负责。这是因为,一方面基本上是学习和延用苏联的一套管理办法;另一方面也逐步引进和借鉴了西方的管理模式。因此,在国际上双重管理体制的影响下,国内民航局始终是集政府职能和企业经营职能于一体的政企合一格局。在30多年里,尽管也有不少政府管理职责,其中包括了一些适航管理的内容,如航空器的登记,颁发适航证,颁发机务通告,进行事故调查等，但主体上仍然是以企业的维修技术管理为主，对航空器的设计、制造根本谈不上适航管理。这种体制对日益发展壮大的民用航空事业越来越难适应。由政府总揽企业经营的大小事务，很难发挥其宏观调控作用。民航企业的责、权、利不能有机地统一，缺乏动力和活力，也阻碍了民航事业的发展。

党的十一届三中全会之后，我国的民用航空运输业和制造业都出现了突飞猛进的发展局面。国家确定的骨干航空公司相继成立，国际航线不断开辟；厦门、上海、飞龙等地方航空公司也组成营运；国产民用航空器 Y7，Y12 等机型陆续完成设计和制造；同国外合作生产的 MD－82 型飞机、国外来料加工以及国产航空产品打人国际市场等，迫切要求和促使我国尽快建立适航性监督和检查的管理体制。以民用飞机制造业为例，国产飞机要向国外市场推销，必须先获得中国适航部门的型号合格证、生产许可证和出口适航证。客观现实要求民航局必须承担航空器初始适航管理的责任。因此，为了适应民用航空事业的发展，支持国内航空产品的制造，保障民用航空的营运安全，必须对民航局进行体制改革。

从 1980 年起，我国民航通过引进技术、开展研究、组织培训等各种方式，逐步建立起了包括航空器在内的民用航空产品设计、制造、使用和维修的完整适航管理工作体系。1987 年首次颁布了民用航空器适航管理条例，并规定我国的适航管理工作由民航总局负责。按照 1987 年初国务院批准的民航系统改革方案实行政企分开，简政放权，减少管理层次的基本思想，逐步形成政府和企业间的新型关系。民航局为政府职能机构，主要实施政策、法规管理，运用宏观调控手段进行行业管理。在民航局内部设立了航空器适航司，统一管理全部的民用航空器适航性事务。可以说，随着国内的改革开放和民用航空事业的发展，我们走上了主动实施民用航空器适航管理的道路。

中国民用航空器适航管理形成的过程可分为三个阶段：①中国民用航空器适航管理的主动酝酿期（1980－1987 年）；②中国民用航空器适航管理的初始创建期（1988－1991 年）；③中国民用航空器适航管理的初步发展期（1992－1993 年）。经过多年的发展，我国民用航空器适航管理机构日趋完善，逐步形成了三层式民用航空器适航管理结构体系。这就是，第一层：立法决策层——民航总局航空器适航司和航空器适航中心；第二层：执法监督层——各地区管理局航空器适航处及航空器审定中心；第三层：委任基础层——指所有的委任适航代表和委任单位代表，他们是民用航空企、事业单位和其所属的人员。这是我国民用航空器适航管理工作深入到企、事业单位当中去的群众基础，也是让企、事业单位增进适航意识和参与适航管理工作的一种形式。这种适航管理模式发展至今其体系已较为完善，对提高民航安全水平起到了极大的推动作用。我军目前还没有自己的适航技术和管理体系，对军机适航性的研究尚处于起步阶段。

第二章　航空器适航性法规

2.1　规章概述

建立行之有效的适航管理法规和文件体系，是开展适航管理工作的一项重要基础工作。

根据我国国情，航空航天事业急需适航规章和标准以确保其顺利发展。借鉴国外的航空器适航管理法规，并结合我国航空业发展的实际情况，国内已制定出一系列法规及法规性文件。当然，随着科学技术的发展，新材料、新工艺、新方法、新设备的不断产生，国际适航管理合作和交流的不断发展，以及我们适航管理实践经验的积累，对已发布的法规和法规性文件一直都在进行修订，使之适应新的变化，更好地应用于航空器的制造、使用及维护全过程。

2.2　美国民用航空器适航管理文件

美国联邦航空局(FAA)根据联邦航空法中规定的“制定并及时修订对航空器、发动机和螺旋桨的设计、材料、工艺质量、结构和性能的安全所必需的最低标准”的职责，制定了整套联邦航空条例、标准，发布了一系列的指令、通报和通知，并提供了众多的研究报告，这些文件是联邦航空局进行适航管理的重要文件。这些文件可分为两类：一类属法规性文件，其执行具有强制性，如联邦航空条例(FAR)、特殊联邦航空条例(SEAR)、专用条件(Special Condition)，技术标准规定(TSO)、适航指令(Airworthiness Directives，AD)、联邦航空条例修正案(Amendment)；另一类属非法规性文件，不具有强制施行的意义，而是作为咨询、指导或交流之用，如咨询通报(AC)，指令(Order)、规章制定建议通知(NPRM)、科学技术报告和使用问题报告(Reports)等。

2.2.1　法规性文件

1. 联邦航空条例(FAR)

联邦航空条例(FAR)是联邦航空局为保证民用航空安全而制定颁发的，

其内容包括对航空器、发动机、螺旋桨及各种机载设备从设计、制造到使用、维修等全过程的各种技术要求和管理规则，还包括航运公司、航空人员、机场、空中交通管制、维修站等各个方面，是联邦航空局的主要法规，是必须遵守的法令。这些规则均已编入联邦条例汇编(CFR)第14卷(航空航天卷)。按1990年版本，该卷共有13篇计70部联邦航空条例，可归纳如下：

定义和缩写词：FAR 1，共1部。

规章制定等执行程序：FAR 11，13，14，15，共4部。

民用航空产品的设计、生产、维修和注册：FAR 21，23，25，27，29，31，33，34，35，36，39，43，45，47，49，共15部。

驾驶员，飞行机组和其他人员：FAR 61，63，65，67，共4部。

空域：FAR 71，73，75，77，共4部。

空中交通规则与运行总规则：FAR 91，93，95，97，99，101，103，105，107，108，109，共11部。

航空承运人，空中旅行俱乐部和出租航空器营运人：FAR 121，125，127，129，133，135，137，139，共8部。

航空学校和其他部门：FAR 141，143，145，147，149，共5部。

航空港：FAR 150，151，152，153，154，155，156，157，159，169共10部。

导航设施：FAR 171，共1部。

行政条例：FAR 183，185，187，189，191，共5部。

战争保险：FAR 198，共1部。

航空器贷款担保：FAR 199，共1部。

2. 特殊联邦航空条例(SFAR)

这种条例是对某些联邦航空条例的补充或对特殊情况的规定，如SFAR 23是对FAR 23的补充；SFAR 13是对运输类飞机执行FAR 25时的一些特殊情况的规定，以作为适航管理人员审查时的依据。SFAR也作为联邦航空条例的一部分，分类放在联邦条例汇编中各有关的FAR的前面，以便于使用。

按1990年1月1日出版的联邦条例汇编，共有17部SFAR。一般来说，不是每部FAR都对应有SFAR，而且一部SFAR也可能补充数部FAR。在70部FAR中，只有21部分别对应上述17部SFAR。

3. 专用条件(Special Condition)

对某些联邦航空条例中没有包括的安全要求，而联邦航空局认为从安全出发对某型民用航空产品必须执行时，则作为专用条件提出。按照FAR 21

中 21.16 条规定，如果航空器、发动机或螺旋桨具有新颖或独特的设计特征，而现有的适航标准中没有包含充分或合适的安全标准，则应制定对该产品的专用条件。专用条件按 FAR11 规定的程序制订，并应与适航标准具有等效安全水平和同样的法律效力。

4. 技术标准规定(TSO)

TSO 是对民用航空器上的机载设备(Appliance)规定的最低性能标准。按 FAR 1 的规定，机载设备是指那些在飞行中用于或企图用于操纵或控制航空器的任何仪表、仪器、机构、设备、部件、器械或附件，包括通信设备。它们装在航空器上，但不属于机体、发动机或螺旋桨的组成部分。有关 TSO 的详细情况将在以后介绍。

5. 适航指令(AD)

某些航空产品，如航空器、发动机、螺旋桨或附件经联邦航空局审定合格，但后来又发现有不安全的情况，此时联邦航空局将发出适航指令加以纠正。

这些指令已由联邦航空局汇集出版，第一册是 1971 年以前的全部 AD，第一册又分为两卷，第一卷适用于 12 500 磅[①]以下的小飞机，第二卷适用于大飞机。第二册是 1971 年以后的 AD，同样分为适用于大、小飞机的两卷。

6. 联邦航空条例修正案(Amendment)

联邦航空条例修正案中的修正正文也是法规性文件之一，是联邦航空条例有效版本的组成部分，其目的在于不断完善联邦航空条例。

每期修正案的内容包括修正案编号、被修正的联邦航空条例、生效日期、联邦注册报刊登日期和编号、修正背景、公众意见、执行修正的好处、符合有关法律的论证、经济负担考虑、结论和条例修正正文等。每一部联邦航空条例的单行本常常都附有若干份修正案。每年出版的联邦条例汇编(CFR)则编入经修正案修订的联邦航空条例新版本。

2.2.2　非法规性文件

1. 咨询通报(AC)

AC 的作用是向公众推荐美国联邦航空局(FAA)认为可接受的对联邦航空条例相应条款进行符合性验证的方法，具有建议或指导性，不具有强制性。由于 FAA 对各条款可接受的符合性验证方法不止一种，因此上述推荐的方法并不是唯一的。

---

① 1 磅＝0.453 592 37 kg。

2. 指令(Order)

指令是FAA对所属工作人员进行内部指导的文件,以使其能很好地履行自己的职责,并在实施条例时保持一致性。指令虽不是法规性文件,但是一种指令性文件,FAA工作人员必须执行。

3. 规章制定建议通知(NPRM)

规章制定建议通知的目的是让公众了解规章制定、修订和作废的情况,并征求公众意见。规章制订建议通知一般公开刊登在联邦注册报(Federal Register)上。

4. 报告(Reports)

报告包括根据各航运公司提供的失效、故障和缺陷信息所编制的使用问题报告(Service 17 ifficulty Reports),FAA工作进展报告(Agency Progress Reports)以及各种科学技术报告(Scientific and Technical Reports)等,每年均有数百份。

2.2.3 民用航空产品设计和生产合格审定中的常用文件

1. 联邦航空条例FAR 21——《产品和零部件的合格审定程序》

在与民用航空产品设计和生产合格审定有关的联邦航空条例中,FAR 21是极为重要的一部,该部条例做了以下规定:

(1)与航空器、发动机和螺旋桨有关的各类证件的适用范围,申请人应具备的资格和批准的程序要求等。

(2)证件持有人的权利和责任,以及对其管理的规则。

(3)批准某些器材、零部件、工艺和机载设备的程序要求。

FAR 21共有15个分部,由其标题即可了解各分部所规定的范围。这些分部是:

A 总则

B 型号合格证

C 临时型号合格证

D 型号合格证的更改

E 补充型号合格证

F 仅依据型号合格证的生产

G 生产许可证

H 适航证

I　临时适航证

J　委托授权程序

K　器材、零部件、工艺和机载设备的批准

L　出口适航批准书

M　委任改装站的授权程序

N　进口发动机、螺旋桨、器材、零部件和机载设备的批准

O　技术标准规定核准书

2. 适航审定标准

70 部联邦航空条例中的大多数是属于管理性质的，但其中有 8 部则是从最低安全要求出发，对航空器、发动机或螺旋桨的设计提出了具体的技术要求，FAA 将其进一步定名为“标准”，其中包括 7 部适航标准和 1 部噪声标准。为了方便，习惯上常连同技术标准规定（TSO，原 FAR 37）统称为适航性标准。这 8 部联邦航空条例对航空器、发动机或螺旋桨的设计至关重要，它们是：

FAR 23 适航标准：普通类、通用类、特技类和通勤类飞机。

FAR 25 适航标准：运输类飞机。

FAR 27 适航标准：普通类旋翼机。

FAR 29 适航标准：运输类旋翼机。

FAR 31 适航标准：载人自由气球。

FAR 33 适航标准：航空发动机。

RAR 35 适航标准：螺旋桨。

FAR 36 噪声标准：航空器型号和适航合格审定。

FAR 23 和 FAR 25 均适用于固定翼飞机。FAR 23 适用于 9 座或 9 座以下、最大审定起飞重量为 12 500 磅或 12 500 磅以下的普通类、通用类和特技类飞机；以及 19 座或 19 座以下，最大审定起飞重量为 19 000 磅或 19 000 磅以下的通勤类飞机。FAR 25 适用于运输类飞机。FAR 27 和 FAR 29 适用于旋翼机，其中 FAR 27 适用于最大起飞重量为 6 000 磅或 6 000 磅以下的普通类旋翼机；而 FAR 29 则适用于运输类旋翼机。这 4 部适航标准均包括 7 个分部。A 分部是总论，规定了适用范围；B 分部是飞行，规定了航空器性能和操纵性、稳定性方面的要求；C 分部是结构，规定了载荷和强度方面的要求；D 分部是设计与构造，规定了结构、布置等方面的要求；E 分部是动力装置，规定了发动机及其各系统的安装要求；F 分部是设备，规定了各种机载设备的安装要求；G 分部是使用限制和资料，规定了必须确定的使用限制和对飞行手册

内容的要求。

FAR 31 适用于载人自由气球，因无动力装置，取消了相应的动力装置分部，故将上述各部的 F，G 分部分别提前为 E，F 分部，但基本内容不变。

FAR 33 适用于为航空发动机，各分部与上述各部的分部内容有所不同。A 分部为总则，B 分部为航空发动机设计与构造的一般要求，C 和 D 分部分别为活塞式航空发动机设计与构造及台架试验的特殊要求，E 和 F 分部分别为航空涡轮发动机设计与构造及台架试验的特殊要求。

FAR 35 适用于螺旋桨。只有 A 分部总则，B 分部设计和构造，C 分部试验和检查等 3 个分部。

FAR 36 为噪声标准。有 A 分部总则，B 分部大型运输类飞机及涡轮喷气飞机的噪声测量和评定，C 分部亚声速大型运输类飞机和亚声速涡轮喷气飞机的噪声限度，D 分部超声速运输机的噪声限度，E 分部备用，F 分部螺旋桨小飞机及螺旋桨通勤类飞机的噪声限度，G 分部使用限制和资料等 7 个分部。

在 FAR 23，25，27，29 等中，各条款的编号也统一与各该条款的专题内容相对应。例如 § 23.65，§ 25.65，§ 27.65，§ 29.65 都是“爬升：全发工作”，又如 § 23.305，§ 25.305，§ 27.305，§ 29.305 都是“强度和变形”。这样就便于查找对比。

针对飞机电气线路系统的安全性问题，美国联邦航空条例(FAR)从 2007 年 12 月 10 日起新增了有关“持续适航和安全性改进”的 FAR 26 以及涉及“电气线路互联系统(EWIS)”的 FAR 25 的 H 分部，这是 FAA 对运输类飞机适航条例的重大修正行动。FAA 通过 25－123 号修正案给 FAR 25 增加了一个由 17 条规定组成的 H 分部，而且还特地另外新增了一个 FAR 26 来处理上述 H 分部涉及的 EWIS 有关持续适航的问题，充分说明了 FAA 对 EWIS 的重视，同样也值得引起我们的高度关注。

FAR 25 中 H 分部 17 条规定的标题目录如下：

H 分部——电气线路互联系统(EWIS)

§ 25.1701　定义

§ 25.1703　EWIS：功能和安装

§ 25.1705　EWIS：系统和功能

§ 25.1707　EWIS：系统间隔

§ 25.1709　EWIS：系统安全性

§25.1711　EWIS:组件识别

§25.1713　EWIS:防火

§25.1715　EWIS:针对静电的电气搭接和保护

§25.1717　EWIS:电路保护装置

§25.1719　EWIS:可达性措施

§25.1721　EWIS的保护

§25.1723　EWIS:可燃液体的防火

§25.1725　EWIS:动力装置

§25.1727　EWIS:可燃液体切断措施

§25.1729　EWIS:持续适航文件

§25.1731　EWIS:动力装置和 APU 火警探测器系统

§25.1733　EWIS:火警探测器系统,总则

以上规定中的许多要求是从 FAR 25 中其他分部移过来的原先存在的要求,有些做了文字修订使其明确地适用于电气线路,若干规定是新加的。FAA 指出,将 FAR 25 中现行有关电气线路的要求集中起来再加上新的要求这种做法,除了能使它们容易查找、确保它们被完全应用于 EWIS 以外,更主要的是为了强调将电气线路及其有关组件作为一个飞机系统来看待的重要性。

与此同时,在规章制订建议公告中作为 FAR 25 拟增加的 I 分部而提出来的有关"持续适航和安全性改进"方面的内容,经与欧洲航空安全局(EASA)等外国适航当局协商后,最终决定以一个新的 FAR 26 部形式出现,标题目录如下:

FAR 26 部　运输类飞机的持续适航和安全性改进

A 分部——总则

§26.1　目的和范围

§26.3　定义

§26.5　适用性表格

B 分部——用于老化系统的强化适航程序

§26.11　电气线路互联系统(EWIS)维修大纲

FAR 26 是针对设计批准持有人(DAH)的规章,它要求 DAH 为有关型号设计的 EWIS 编制持续适航文件(ICA)、向 FAA 提交相应的符合性计划并在该计划获得批准后实施贯彻。以往,此类要求是以特殊联邦航空条例(SFAR)的形式分散出现在《联邦法规汇编》(CFR)的第 14 集"航空和航天"

之中的；FAA 指出，把“持续适航和安全性改进”方面的内容移到新的 FAR 26 之中的做法除了便于查找之外，更重要的是可以使 FAR 25 严格保持作为新运输类飞机的适航标准。

另外，FAA 还对 FAR 91，FAR 121，FAR 125 和 FAR 129 等运行规章作了相应的修正，要求运输类飞机运营商将有关 EWIS 的维护和检查任务编入他们的定期维修大纲之中，以便与 DAH 分担有关 EWIS 的持续适航责任。

本次修正行动的详细更改情况可参见 FAA 颁发的标题为“用于飞机系统/燃油箱安全性强化适航程序（EAPAS/FIS）”的最终规章文件，其卷宗号为“FAA－2004－18379”。为了指导相关人员贯彻新规章，FAA 在 2007 年 11 月 23 日发布了题为“利用强化的区域分析程序来编制运输类飞机电气线路互联系统的持续适航文件”的咨询通报“AC 25－27”。

2.3 其他国家和地区民用航空器适航文件

2.3.1 欧洲联合航空要求(JAR)

1971 年，西欧一些国家的民航当局为了统一适航审定标准，促进航空产品的进出口贸易和合作研制新机，组成 JAR 秘书处（JAR Secretariat），开始联合编制欧洲联合航空要求。以后，其他西欧国家陆续参加，至今其成员已包括英、法、德、瑞士、瑞典、荷兰、挪威、芬兰、丹麦、比利时、意大利、西班牙和奥地利等 13 个国家。目前已完成并在执行的 JAR 有：

JAR－1：　定义和缩写
JAR－APU：　辅助动力装置
JAR－22：　滑翔机和动力滑翔机
JAR－25：　大飞机
JAR－AWO：　全天候飞行规则
JAR－E：　发动机
JAR－P：　螺旋桨
JAR－VLA：　超轻型飞机
JAR－TSO：　联合技术标准规定

每部 JAR 分为两部分，第一部分是条款正文，第二部分称为 ACJ，是对一些不易理解的条款含义的解释和介绍可接受的符合性验证方法。

JAR 的编制具有自己的特点，往往选定国际上比较典型的适航标准作为编制的蓝本，然后结合本地区的具体情况做一些必要的补充和修改。以JAR-25正文为例，参照FAR 25，没有变动的条款完全采用原文，有变动或新增加的内容在字句下划以横线。对于新增的条款则用“X”号表示，例如：JAR 25 X 799。JAR的正式修订内容一般以橙色文件（Orange Paper）形式发布。

2.3.2 苏联和经互会民用运输机统一适航标准（ЕНЛГ-С）

1967年，苏联民用飞机和直升机适航标准联合委员会制定了《苏联民用飞机适航标准（НЛГ-С）》，1972年和1974年分别出版了经修订的第一版和第二版，1989年又修订为第三版。这就改变了苏联过去只有强度规范，没有独立的民用飞机适航标准的局面，促进了苏联民用飞机的发展。1985年，《苏联民用飞机适航标准》又改为《经互会民用运输机统一适航标准（ЕНЛГ-С，СЗВ）》。

2.4 中国民用航空器适航管理法规

我国实行改革开放以来，航空工业和航空运输业蓬勃发展。研制新机，特别是大型运输机，需要适航标准和保证质量的规章和办法；大量现代化飞机的引进，其安全运行也急需适航规章和标准。目前中国民航还不具备与中国新一代航空运输系统技术和性能相适应的审定能力，必须积极跟踪国内外先进的航空技术、适航标准和审定方法的最新进展，积极发展与之相适应的审定能力，建立相应的适航法规。

我国民用航空器适航管理经历了酝酿期（1980—1987年）、创建期（1988—1991年）和实施发展期（1992至今），引入国际上通用的民用航空器适航管理经验和办法，组建了完整的适航管理体系以实施正确、有效和国际上通用的适航管理。这套适航管理体系是在创建初期建成的，经过若干个型号实践不断修改完善；这套适航管理体系包括中国民用航空器适航管理法规和文件体系、适航管理组织机构体系和适航管理证件体系，三者相互补充，缺一不可。

适航管理法规和文件体系分为两个层次：第一层次是法律、行政法规和规章，主要包括《航空法》、《中国民用航空规章（CCAR）》；第二层次是为执行第一层次的法律、行政法规和规章而制定的实施细则，由民航总局适航部门发布的法规性文件体系，其中包括适航管理文件、适航管理程序和咨询通告等。

中国民用飞机适航管理是按国家、政府、民航总局制定的法规和适航司颁发的适航管理程序进行管理，前者具有强制性的法律效力，后者是实现前者的操作细则。中国民用航空器适航管理法规和文件体系分为两个层次：第一层次是法律、行政法规和规章，主要包括将由全国人民代表大会或全国人大常委会审议通过的《中华人民共和国航空法》（以下简称《航空法》），国务院发布的行政法规，国务院民用航空主管部门（中国民用航空总局）发布的《中国民用航空规章》（CCAR）；第二层次是为执行第一层次的法律、行政法规和规章而制定的实施细则，由民航总局适航部门（适航司）发布的法规性文件体系，其中包括适航管理文件、适航管理程序和咨询通告等。

适航管理法规和文件体系之间的关系如图 2.1 所示。

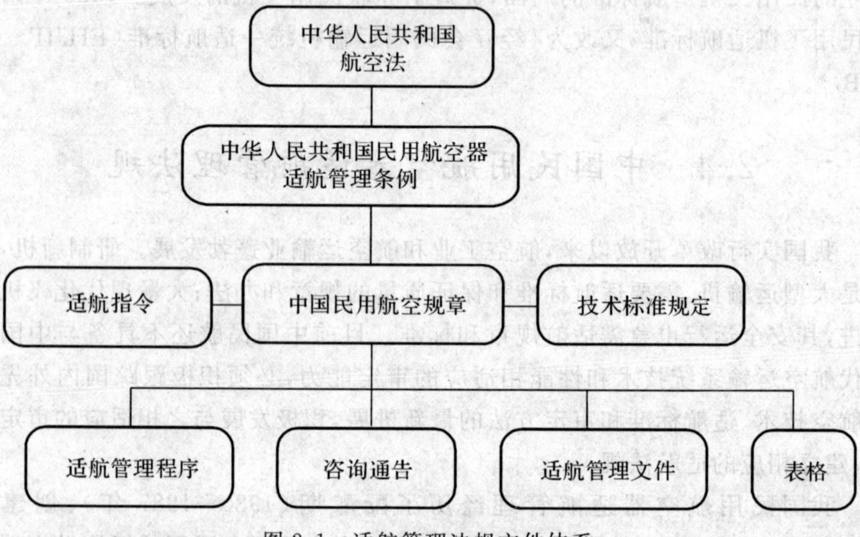

图 2.1　适航管理法规文件体系

2.4.1 《中华人民共和国民用航空法》

《中华人民共和国民用航空法》是从事民用航空活动的单位和个人必须遵守的根本大法，由全国人民代表大会或全国人大常委会审议通过。

2.4.2 民用航空器适航管理法规文件体系

1.《中华人民共和国民用航空器适航管理条例》

国务院于 1987 年 5 月 4 日发布《中华人民共和国民用航空器适航管理条

例》,并于同年 6 月 1 日起施行。这是国家最高行政机关发布的行政法规,对民用航空器适航管理的宗旨、性质、范围、权限、方法和处罚等做了明确规定。

《中华人民共和国民用航空器适航管理条例》共 29 条,概括了适航管理的基本要求。凡从事适航管理的工作人员,以及在中华人民共和国境内从事民用航空器(含航空发动机和螺旋桨)的设计、制造、使用和维修的单位或个人,向中华人民共和国出口民用航空器的单位或个人,以及在中华人民共和国境外维修在中华人民共和国登记的民用航空器的单位或者个人,均须遵守该条例。

2.《中国民用航空规章》(CCAR)

《中国民用航空规章》是国务院民用航空主管部门——中国民用航空总局——制定、发布的涉及民用航空活动的、专业性的、具有法律效力的管理规章,凡从事民用航空活动的任何单位或个人都必须遵守其各项规定。

《中国民用航空规章》的制定、颁发程序及编号方法等,按《中国民用航空规章》第 01 部《民用航空规章制定程序》的规定执行;《中国民用航空规章》由民航总局有关业务部门负责起草,在广泛征求各方面的意见后,经局长办公会议讨论通过,由民航总局局长签发《中国民用航空总局令》,发布实施;《中国民用航空规章》的范围很广,涉及航空器的适航管理、人员执照、机场管理、航务管理、航空营运、航空保安、搜寻援救和事故调查等各方面。有关适航管理的规章包含管理规则和适航标准两方面的内容。

民用航空器适航管理法规文件体系包括以下内容:

CCAR-21 民用航空产品和零件合格审定的规定
CCAR-23 正常类、实用类、特技类和通勤类飞机适航标准
CCAR-25 运输类飞机适航标准
CCAR-27 一般类旋翼航空器适航标准
CCAR-29 运输类旋翼航空器适航标准
CCAR-31 载人气球、飞艇适航标准
CCAR-33 航空发动机适航标准
CCAR-34 航空发动机排污标准
CCAR-35 螺旋桨适航标准
CCAR-36 航空器型号合格审定噪声标准
CCAR-37 民用航空材料、零部件和机载设备技术标准规定
CCAR-39 民用航空器适航指令规定
CCAR-45 民用航空器国籍和登记的规定

CCAR－65　民用航空器维修人员合格审定的规定

CCAR－111　民用航空器运行适航管理规定

CCAR－115　民用航空器运行所要求的仪表、设备和性能使用限制的规定

CCAR－145　民用航空器维修许可审定的规定

CCAR－183　民用航空器适航委任代表和委任单位代表的规定

3. 适航管理程序（AP）

适航管理程序是《中国民用航空规章》的实施细则和具体管理程序。它由各级适航部门根据专业分工起草、编写，在征求公众意见后，由民航总局适航司司长批准发布。它是各级适航部门的工作人员从事适航管理工作时应遵守的规则，也是民用航空器设计、制造、使用和维修的单位或个人应遵守的规则。

4. 咨询通告（AC）

咨询通告是适航部门向公众公开的对适航管理工作的政策以及某些具有普遍性的技术问题的解释性、说明性和推荐性文件或指导性文件。对于适航管理工作中的某些普遍的技术问题，也可用咨询通告的形式，向公众公布适航部门可接受的处理方法。咨询通告由各级适航部门根据分工起草、编写，由民航总局适航司司长批准发布。

5. 适航管理文件（AMD）

适航管理文件是各级适航部门就某一具体技术问题或工作与航空营运人、航空产品设计、制造人以及有关部门进行工作联系时所使用的形式。对于某些暂行规定，适航部门也可用适航管理文件的形式发布执行。

2.5　美国军用航空器适航性审查准则（MIL－HDBK－516B）

美国国防部于 2002 年 10 月颁布美国国防部 MIL－HDBK－516 手册——《军用航空器适航性审查准则》，随后在 2004 年 2 月颁布了 A 版，2005 年 9 月颁布了 B 版。其适用范围也从原版只涉及空军扩大到 A 版、B 版已涉及空军、海军、陆军。2005 年 9 月，美国国防部颁布 MIL－HDBK－516B 手册《军用航空器适航性审查准则》，规定了美国固定翼/旋翼、有人驾驶/无人机各类型军用航空器适航性的通用要求。该手册是工程管理者、总工程师和主承包商联合定义各类型军用航空器适航性审查基础的顶层文件，并应根据具体型号研制要求进行剪裁，形成具体的型号适航性审查准则要求。此外，最新 MIL－HDBK－516B 手册于 2008 年 2 月 29 日发布了第一次换版更改，从其

换版更改的频度可以看出美国国防部对其军用航空器适航性关注的重要程度。

美国《军用航空器适航性审查准则》(MIL-HDBK-516B)规定了适航认证标准,用于测定适航所有载人和无人、固定翼或旋转翼空中运载系统。这是系统项目经理、总工程师和承包商所使用的基础性文件,作为确定航空系统的适航性的基础。这本手册是仅作为指导性文件,不能列为要求,手册中包含的这些标准可用来确定飞行器全寿命周期内的适航性,尤其是飞行器功能或者生产过程发生变化。

2.5.1 目的

美国《军用航空器适航性审查准则》可以用于确定所有军用有人驾驶和无人驾驶的固定翼和旋翼航空器系统的适航性。军方使用 MIL-HDBK-516 作为对航空器所有适航性方面以及系统安装的指南,建立适当的评估准则。它可以从军方的角度出发,勾画出航空器主要结构和系统级别航空器部件总的适航性评估准则。

MIL-HDBK-516B 规定了适航审定标准,用于测定所有载人和无人、固定翼及螺旋桨飞行器系统的适航性。这是一个基础性文件,被系统项目管理者、总工程师和承包商用来确定其空中系统的适航性认证的基础。

MIL-HDBK-516B 仅作为指导,不能列为要求。

2.5.2 适用性

当适航标准必要时,尤其是当功能或产品的基准变化时,这些标准应适应和适用于飞行器系统整个生命周期的任何时候。

螺旋桨飞行器和无人驾驶飞行器/遥控飞机(UAV/ROA)的特性需要严格的飞行安全(SOF)系统要求。因此,这些类型的系统包含了独特的标准以确保已建立安全操作和维修设计的最低标准。UAV/ROA 的操作系统可以嵌入飞机或安装在遥控飞机的控制站。UAV/ROA 系统包括控制站、数据链路、飞行控制系统、通信系统/链路以及空中结构等。UAV/ROA 在大小、重量和复杂性上差别很大。因为它们是无人驾驶的,造成机组人员损失的飞行风险可能不适用。然而,对于载人飞行器,同人员、设备损坏、财产和/或环境相关的飞行风险必须加以考虑。同样地,适航标准可能会针对这一独特的应用进行设计,包括 UAV/ROA 设计成“消耗的”或 UAV/ROA“最低的平均寿命”执行任务。应该考虑到 UAV/ROA 操作的环境(控制测试范围、领空、舰队的使用，包括基于船的应用)、飞行器设计的寿命以及UAV/ROA的近距控制系统、人员、财产或其他设备的消耗能力。

同样地，舰载飞行器有独特要求的领域，包括结构完整、推进系统的动态响应和蒸汽摄入的容忍、控制系统在高湍流条件下对接近和着陆的响应、电磁环境的影响、甲板操纵、支持和服务、飞行员视野。

商用飞机(CDA)的飞行安全最初由美国联邦航空局(FAA)核定，并有FAA批准的适航证书。任何非FAA批准的商用飞机改建将使得所有FAA的认证无效。虽然对商用飞机的改建包括对每个服务分支的独特规则，操纵服务应具备在公用飞机规则下的适航性认证责任。因此，当计划对FAA认证的商用飞机进行任何改动时，改造者应尽早与在威奇托、堪萨斯州的FAA军事认证办公室(MCO)进行沟通。用于偿还由FAA开展的兵役工作协议已到位，并在许多情况下，MCO可能针对这些改变提供无偿的帮助。

在所有情况下，具备适用性和系统性的具体衡量标准值，其完整、准确的文件对于确保一致、及时和准确的适航性评估是至关重要的。

当然，并非所有的适航标准适用于每一种类型飞行器；同时，需要加入平台独特的、以前尚未界定的标准来彻底解决安全方面的独特配置。因此，调整总的一套标准来确定一个完整的(必要和足够的)可用适航标准的子集，建立系统的认证基础。此认证的基础应充分记录在案，并保持严格的配置控制。

调整规则如下：

(1)确定每个适用或非适用标准，考虑系统或产品的复杂性、类型、数据和计划用途。记录区分任何非适用标准的依据。

(2)适用的标准不得以任何方式删除或修改，但是如果其他适用标准的部分并不适用，区分适用和非适用部分，并证明依据。

(3)适当时候可用专门的可测参数补充适用标准(如在适航性需求的定义中加入值)。

(4)本手册所包含的标准不能完全处理的任何功能或系统，均可酌情制定新的标准。

2.5.3 定义和缩略语

MIL-HDBK-516B主要对如下概念进行了定义：

(1)咨询通告(Advisory Circular, AC)：美国联邦航空管理局(FAA)的问题咨询通告(AC)以系统的方式告知公共航空非调整材料。除非纳入监管范围、内容，咨询通告不具有对公众的约束力。咨询通告采用与学科体系相应学科领域的标题——14 -联邦法规(14CFR 参考)——对应的系统,第一章为美国联邦航空管理局。AC 是为在指定主题领域提供指导和信息或为表明一种可以被行政长官接受的相关故障分析报告而提出的。使用 14CFR 作为适航审定标准参考时,可以将咨询通告作为指导。

(2)航空系统(Air system):飞行器加上训练和支持系统,以及被飞行器使用的任何武器(JSSG - 2000)。

(3)飞行器(Air vehicle):一种飞行器包括机身的安装设备(硬件和软件)、推进、空中飞行应用软件、空中飞行系统软件、通信/识别、导航/指导、中央计算机、火力控制、数据显示和控制、生存、侦察、自动飞行控制、中央综合校验、反潜作战、装备、武器运送、辅助设备和所有其他安装设备(JSSG - 2001)。

(4)适航(Airworthiness):安全地实现、维持及终止同认可的用途和限额一致的一个特定空中系统的配置特性。

(5)适航审定(Airworthiness certification):重复实施,以确认具体的飞行器系统可以或已经在其飞行包线内安全维护和操作。发行和维持一个适航证书的两个必要的条件是:第一,飞机必须符合其类型证书记载的类型设计;第二,飞机必须在一个安全运行的条件下。

(6)分配基准(Allocated baseline):为开发一个配置项(CI)被认可的性能导向的文件,描述功能和界面特点,这些特点从这些更高水平 CI 和要求证明这些特点的核查中可以得到(参考 MIL - HDBK - 61A)。

(7)基线(Baseline):①在特定的时间点商定的对产品属性的描述,作为确定改变的基础。②批准并公布的文件或一批文件,其每一个具体的修订的目的是为管理转变提供一个界定的基础。③目前已获得批准并公布的配置文档。④发布文件集由软件版本和相关的配置文件组成(参考 EIA 649)。

(8)认证基础(Certification basis):调整的、全部的(必要和足够的)、记录在案的一套 MIL - HDBK - 516 的适航标准,用来评估特定系统设计的安全性。

(9)首席工程师(Chief engineer):对一个单一的飞行器系统所有的系统技术活动负责的个人,支持该系统的程序管理。

(10)配置控制(Configuration control):①确保系统进程基准的改革是适当确定的,且是记录在案的,等等。②配置管理活动包括系统的建议、维持、评估、协调和对建议变化的处理,以及执行所有批准及公布的修改(参考 EIA 649)。

(11)配置项目(Configuration Item, CI):一个配置项目可以是满足最终使用功能并指定为单独配置管理的任何硬件、软件或两者的结合。配置项目通常由一个字母数字标识符指定，而该标志符也担任识别个别单元转让序号的不变基础(参考 MIL - HDBK - 61A)。

(12)配置管理(Configuration management)：在其整个生命周期通过要求、设计和业务信息，建立和维持产品性能、功能和物理属性一致性的管理过程(参考 EIA 649)。

(13)配置状况的清算(Configuration status accounting)：捕获、储存以及获取配置信息用来有效管理产品和产品信息的配置管理活动(参考 EIA 649)。

(14)重要的安全项目(Critical Safety Item, CSI)：飞机或航空武器系统的部分、整体、安装设备、发射设备、回收设备，或支持设备的飞机或航空武器系统，该武器系统有一个特点，任何故障、故障或缺乏可能导致一个灾难性的失败或造成重要的损失或飞机或武器系统的严重损害，产生令人无法接受的人身伤害或生命丧失风险，或危害安全的非操纵性发动机停机。如果损坏导致了"A 类"或一类严重意外事故的发生会被认为是严重的，CSI 的决定性因素是故障的后果，而不是故障或后果发生的可能性(参考：联合航空指挥员组备忘录，2004 年 1 月 22 日，"关于管理航空关键安全项目的提议")。

(15)终端项目(End-item)：一种可用于自身履行军事职能或提供增强的系统军事能力，有控制其技术和性能标准的独特的管理活动的设备(参考 MIL - HDBK - 514)。

(16)故障模式、效应及危害性分析(Failure Modes, Effects, and Criticality Analysis, FMECA)：一种程序，用于确定系统潜在的故障模式并根据其严重程度分类。FMECA 通常是以两部分逐步实现的，第一部分识别失效模式及其影响(也称为失效模式及效应分析)；第二部分根据结合其严重性和发生的可能性(危险程度分析)来对失效模式进行分类。

(17)飞行的关键(Flight critical)：一个术语，适用于任何条件下，事件、操作、过程或项目，其正确认识、控制、性能或耐受性是实现或维持控制飞机飞行必不可少的。

(18)功能的基准(Functional baseline)：被认可的配置文档，描述了系统的或最高级别的配置项目的性能(功能性、互操作性和界面特性)和用于证明这些具体特点的成果的核查(参考 MIL - HDBK - 61A)。

(19)危害(Hazard)：①灾祸的先决条件(参考 MIL - STD - 882C)。②可以造成伤害、疾病或人员死亡的或财产损害或损失的任何实际或潜在的条件(参考 MIL - STD - 882D)。

(20)完整性(Integrity):指系统子系统或设备的基本特征,而该设备允许在特定的使用寿命下、特定的业务和环境条件下实现特定的性能,包含可靠性、安全性和保障性(参考 MIL－HDBK－87244)。

(21)接口(Interface):存在于一个共同边界的性能、功能和物理属性(参考 EIA 649)。

(22)主要工程师(Lead engineer):负责所有终端技术活动,包括工程设计和配置更改,以支持终端系统项目管理者和/或总工程师的个人。

(23)事故(Mishap):造成死亡、受伤、职业病、设备或财产损坏或损失,或对环境造成破坏的无计划的事件或一系列事件(参考 MIL－STD－882D)。

(24)关键任务(Mission critical):适用于任何条件、事件、操作、工艺或项目的术语,其失败可能导致无法成功完成任务或保持作战能力。

(25)乘客(Passenger):乘坐飞行器的任何人,这些人没有受过在特别飞行器及特定任务下的乘客安全/应急能力训练。对于具体的飞行,这包括没有主动的机组职责,并且并非完成使命任务的必不可少的任何人。注意:除飞行前的安全情况介绍以外,任务训练由专门飞行器训练组成。

(26)性能(Performance):有关操作或功能执行的、定量或定性衡量描述物质或功能的属性。性能属性包括数量(多少)、质量(如何)、覆盖面(多大面积和多远)、及时(是否及时,是否频繁)以及就绪情况(可用性、任务/战备)。性能是所有系统、人、产品和过程的一个属性,该过程包括开发、生产、验证、部署、作战、支援、训练和支配。因此,保障参数、制造过程的可变性、可靠性等都是性能指标。

(27)产品的基准(Product baseline):被许可的技术文件,用于描述生命周期中的生产、守备/部署和操纵支持阶段的 CI 配置。该产品基准规定了 CI 所有必要的外形或形式,以及适应性和功能特性,所选的功能特性指定为生产验收测试和生产验收测试要求(MIL－HDBK－61A)。当用于重新获得 CI 时,产品基线文档中还包括分配的配置文件,以确保性能要求不受到损害。

(28)遥控飞机(Remotely Operated Aircraft, ROA):遥控的半自动或全自动飞机及其操纵系统。这不包括设计成武器而一次性使用(如巡航导弹)的飞行器。操纵系统可以内置在飞机或部分设置在控制站以遥控操纵飞机,这个“系统”包括控制站、数据链路、飞行控制系统、通信系统/链接等(参考 FAA Order 7610.4K 和 AFI 202 V3)。

(29)安全的关键(Safety critical):一个术语,适用于任何条件、事件、操作、过程或项目,其正确认识、控制性能或耐受力对安全系统的运作必不可少。

(30)安全飞行(Safety Of Flight, SOF):一个特别的空中系统,在规定和可接受的人员伤亡及设备、财产和环境损坏范围内,为实现、维持和终止安全飞行而具有的配置特性。安全飞行清除的意图表明已完成了适当的风险管理,并且风险程度(对系统、人员、财产、设备、环境的危害)已被航空系统飞行之前的管理活动适当确定并接受。

(31)安全飞行的项目或设备(SOF items or equipment):是指有关的项目或设备,如果它们发生故障了,在规定和可接受人员伤亡、设备、财产或环境损坏的范围内,飞行器也许不能继续安全飞行。

(32)系统(System):产品、子系统、零部件或要素的一个具体分组,设计并综合起来用于执行军事职能。

(33)系统项目管理者(System Program Manager,SPM):专门指定负责系统或产品生命周期管理的个人。该系统项目管理者被赋予充分的权力、责任和资源,以执行和支持被批准的项目(参考 DoDI 5000.2)。

(34)系统安全(System safety):应用工程及管理原则、标准和技术,在系统生命周期的各个阶段,在作战效能和适应性以及时间和成本制约的范围内,实现可接受的事故风险(参考 MIL-STD-882D)。

(35)类型认证(Type certification):实施一个可重复的过程,以确认飞行器设计符合它的类型设计。它并不需要验证,该系统已根据其技术数据妥善维修或操纵(见适航审定)。

(36)类型设计(Type design):设计的类型包括:①图纸和规范,以及这些图纸和规范的清单,对于定义符合适航标准的航空系统的配置和设计特点,是有必要的;②关于确定产品的结构强度所需要的尺寸、材料、物资和进程信息;③任何适航性限制都需要安全运行和维护;④通过比较,任何其他的数据有必要允许,确定同类型后续产品的适航性、噪声特性、燃料通风和尾气排放(适用的)。

(37)无人驾驶飞行器(Unmanned Aerial Vehicle,UAV):遥控的半自动或全自动飞行器及其操作系统。这不包括设计成武器的一次性使用飞行器(如巡航导弹)。操纵系统可以内置在飞机或部分设置在控制站以遥控操纵飞机。这个"系统"包括控制站、数据链路、飞行控制系统、通信系统/链接等(参考 NAVAIRINST 13034.2)。

(38)飞行器控制功能(Vehicle Control Functions, VCFs):VCFs 包括用来传输从飞行员和/或其他来源到适当部件的飞行控制命令的所有职能及其相关部件。飞行控制命令能够控制飞机的飞行路径、姿势、空速、气动外形、动力和结构模式。完整的VCFs结合了飞行控制和任何其他飞行器的职能或子系统，该子系统能够引起、增加或代替飞行员发起的命令或为飞行控制子系统提供基本的，必要的数据/资料以确保飞行安全。

主要的缩略语包括：

14CFR	标题14，联邦法规
AC	咨询通告
ADS	航空设计标准
AFGS	空军规范指南
AFI	空军指示
AFPD	空军的政策指示
AFR	空军条例
APC	飞机飞行员合作
APS	辅助动力系统
APU	辅助动力装置
AR	陆军条例
ARSAG	空中加油系统顾问小组
BARO VNAV	气压垂直导航
BIT	内部测试
CAD	弹药筒驱动装置
CDR	关键设计审查
CFD	计算流体动力学
CFR	联邦法规
C. G.	重心
CI	配置项目
CNS / ATM	通信，导航，监视/空中交通管理
Comm'l	商业
CSA	配置状态规划
CSCI	计算机软件配置项目
CSI	关键的安全项目
DoD	美国国防部
DOD	国内目标损害
ECP	工程变更建议
ECS	环境控制系统

E3	电磁环境的影响
EHMS	发动机安全检查系统
EMI	电磁干扰
EMP	电磁脉冲
EMS	环境管理体系
EPS	紧急备用动力系统
FAA	美国联邦航空局
FAR	联邦采购条例
FCA	功能配置审计
FMECA	故障模式、影响和风险分析
FMET	失效模式及效果检验
FOD	外部部件损伤
FRACAS	错误告警及纠正行为系统
FSCAP	飞行安全的重要飞机部件
g	加速或负荷因子的重力加速度单位
HCF	高周疲劳
HERF	电磁辐射对燃料的危害
HERO	电磁辐射对军火的危害
HERP	电磁辐射对人员的危害
HUD	抬头显示器
ICD	接口控制文件
I / O	输入/输出
JACG	联合航空指挥官小组
JFS	喷气燃料起动机
JSSG	联合服务规范指南
LCF	低循环疲劳
LEP	激光眼保护
MSL	平均海平面
MSL	最大磨损极限
NATO	北大西洋公约组织
NBC	美国核、生、化武器
NDI	无损检测
NFPA	美国消防协会

NVIS	夜视成像系统
OFP	业务飞行计划
PAD	烟火驱动装置
PCA	物质配置审计
PDR	初步设计审查
PFR	初级飞行参考
PIO	驾驶员诱发振荡
PLA	动力杠杆角
PLOC	控制丢失概率
POD	检测概率
PTO	动力输出装置
PVI	飞行员驾驶界面
RAT	液压空气涡轮机
RF	无线电频率
RNAV	无线电导航
RNAV VNAV	地区导航垂直导航
RNP	所需导航性能
ROA	遥控飞机
RVSM	缩小垂直间隔的极小值
RTO	拒绝起飞
SAE	汽车工程师学会
SAWE	联合重量工程师协会
SDIMP	完整的软件开发总体规划
SDP	软件开发计划
SFAR	美国联邦航空条例
SOF	安全飞行
SPM	系统项目管理者
SRS	软件需求规格说明
SSHA	危害分析子系统
STANAG	标准化协议
STLDD	软件的顶层设计文件
TBD	待定
TEMP	测试和评价总计划

T. O.	技术规程
TSO	技术标准规程
UAV	无人机
VCF	交通控制功能
VCMS	交通控制和管理系统
VL/ML	极限速度

2.5.4 军机适航性审定内容

MIL－HDBK－516B的主要内容包括系统工程、结构、飞行技术、推进系统和推进系统安装、航空器子系统、机组人员系统、诊断系统、航空电子、电气系统、电磁环境效应、系统安全性、计算机资源、维修、武器/外挂综合、乘客安全性以及材料等，共计近900项适航性审查条款。适航性审查条款的内容是以美国军用标准规范的技术要求为基础，剪裁引用美国联邦航空适航条例的条款要求而形成的。采取三种形式分别构成各审查条款要求，引用军用标准规范的技术内容“A”类，引用联邦航空适航条例的条款内容“B”类，同时引用军用标准规范和联邦航空适航条例的内容“A＋B”类（见图2.2）。该准则共引用的美国防部联合服务规范指南（JSSG）、美军标准规范（MIL－STD）、美军设计手册指南（MIL－HDBK）以及其他行业协会标准规范等技术文件220多项。

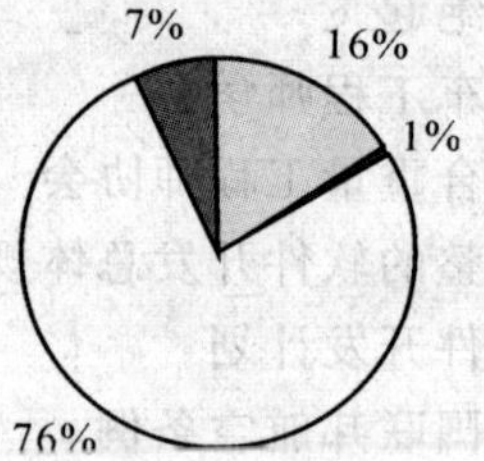

图2.2　引用条款的分布

只引用军用标准规范的条款数（“A”类），占16%；

只引用联邦航空适航条例的条款数（“B”类），占1%；

引用军用标准规范和联邦航空适航条例的条款数（“A＋B”类），占76%；

其他，占7%

根据美国军用航空器适航性审查准则（MIL－HDBK－516B）的规定，军用飞机适航审定的内容如图2.3所示。

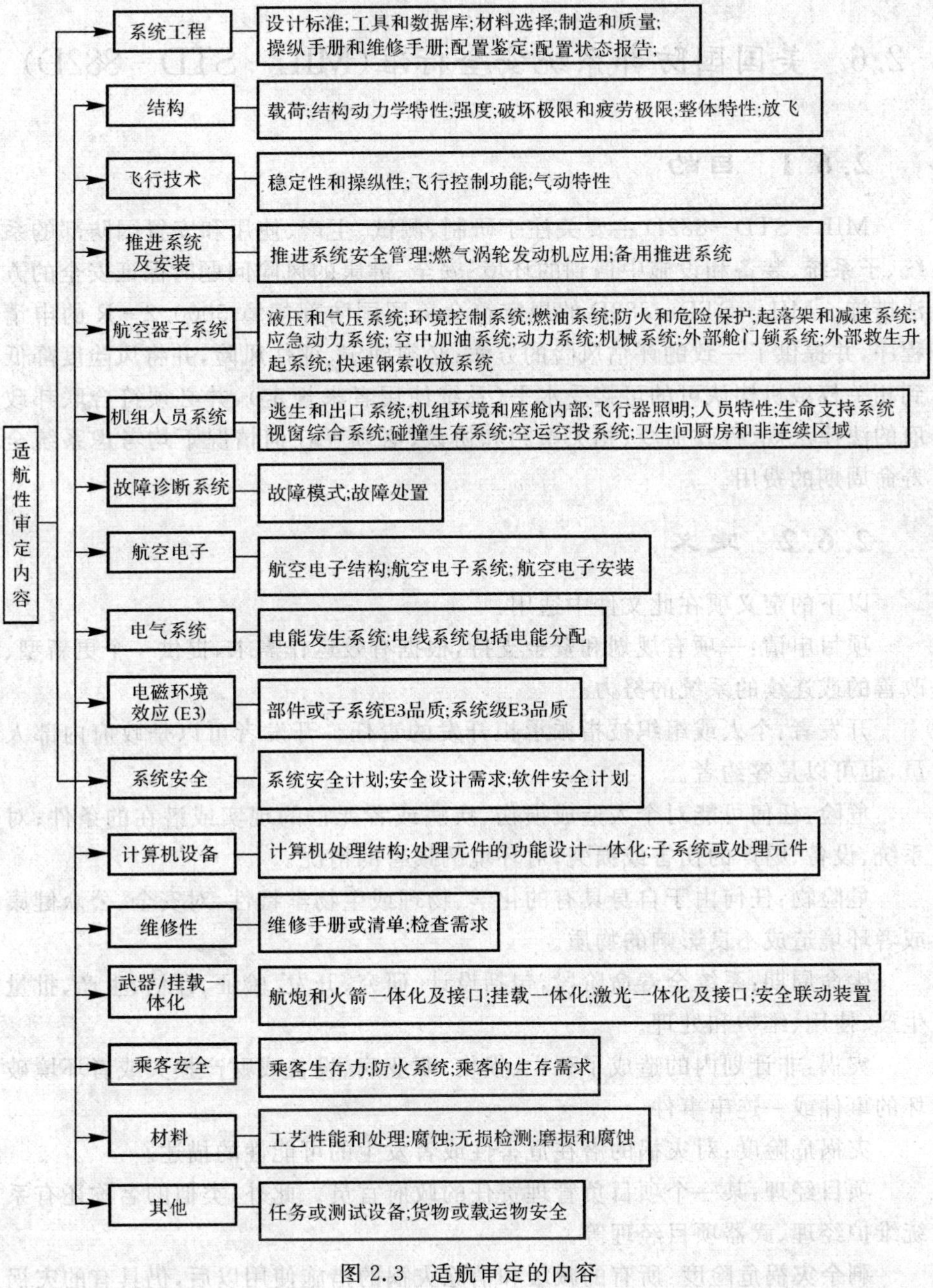
适航性审定内容
系统工程
设计标准;工具和数据库;材料选择;制造和质量;
操纵手册和维修手册;配置鉴定;配置状态报告;
结构
载荷;结构动力学特性;强度;破坏极限和疲劳极限;整体特性;放飞
飞行技术
稳定性和操纵性;飞行控制功能;气动特性
推进系统及安装
推进系统安全管理;燃气涡轮发动机应用;备用推进系统
航空器子系统
液压和气压系统;环境控制系统;燃油系统;防火和危险保护;起落架和减速系统;
应急动力系统;空中加油系统;动力系统;机械系统;外部舱门锁系统;外部救生升
起系统;快速钢索收放系统
机组人员系统
逃生和出口系统;机组环境和座舱内部;飞行器照明;人员特性;生命支持系统
视窗综合系统;碰撞生存系统;空运空投系统;卫生间厨房和非连续区域
故障诊断系统
故障模式;故障处置
航空电子
航空电子结构;航空电子系统;航空电子安装
电气系统
电能发生系统;电线系统包括电能分配
电磁环境效应(E3)
部件或子系统E3品质;系统级E3品质
系统安全
系统安全计划;安全设计需求;软件安全计划
计算机设备
计算机处理结构;处理元件的功能设计一体化;子系统或处理元件
维修性
维修手册或清单;检查需求
武器/挂载一体化
航炮和火箭一体化及接口;挂载一体化;激光一体化及接口;安全联动装置
乘客安全
乘客生存力;防火系统;乘客的生存需求
材料
工艺性能和处理;腐蚀;无损检测;磨损和腐蚀
其他
任务或测试设备;货物或载运物安全

图 2.3 适航审定的内容

2.6　美国国防部系统安全标准(MIL－STD－882D)

2.6.1　目的

MIL－STD－882D 主要关注于研制、测试、生产、使用和安置国防部的系统、子系统、装备和设施中遇到的环境、安全、健康的风险问题时保证安全的方法措施。MIL－STD－882D 的规定符合美国国防部规章 5000.2－R 的申请程序，并提供了一致的评估风险的方法；必须确定、评估风险，并将风险度降低到相关权威机构认可的可接受水平(系统使用者来规定)，并必须符合联邦政府的法律法规、行政命令、相关条约和协议；必须在任何情况下均考虑系统全寿命周期的费用。

2.6.2　定义

以下的定义项在此文件中适用：

项目申请：一项有规划和资金支持，根据有效运作需求，提供一个更新型、改善的或连续的系统的努力。

开发者：个人或组织被指派承担开发的责任。开发者可以是政府内部人员，也可以是签约者。

危险：任何可能对个人造成损伤、疾病或者死亡的现实或潜在的条件；对系统、设备、财产的伤害或损失；对环境的损害的情况。

危险物：任何由于自身具有的化学、物理或生物学特性，对安全、公众健康或者环境造成不良影响的物质。

生命周期：系统全寿命阶段，包括设计、研究、开发、验证、评估、生产、批量生产、使用、维护和处理。

灾祸：非计划内的造成了死亡、损伤、职业病、设备或财产损失或者环境破坏的事件或一连串事件。

灾祸危险度：对灾祸的潜在危害性或者发生的可能性的描述。

项目经理：某一个项目负管理责任的政府官员。此外，类似的名称还有系统维护经理、武器项目经理等。

剩余灾祸危险度：所有的减缓和消除灾祸的措施使用以后，仍具有的灾祸危险程度。与系统设计时的优先度有关。

安全：除去那些可能对个人造成损伤、疾病或者死亡的现实或潜在条件，对系统、设备、财产的伤害或损失，以及对环境的损害的情况。

子系统：包含在特定系统中可以实现某一功能的系统。

系统：具有实现某一特定需求和目标的功能的人、产品和程序的有机组合。

系统安全：在整个系统寿命周期内，保证运作效率、适用性、时间、费用的满足要求的前提下，为了使灾祸的危险度在可接受范围内，所应用的工程技术和管理的原则、标准和技术。

系统安全工程学：一门需要专业知识和技能，综合应用科学和工程的原理、标准和技术来评估和消除不利因素，以降低系统风险的工程学科。

2.6.3　一般规定

MIL－STD－882D 规定了在整个寿命周期内的系统安全，对任何系统，包括新开发、升级、修正、不足的完善、工艺改进的各种情况均适用。如果合理使用这些规定，一切不利因素和它们的危险度都可以得到评定和理解；并且灾祸的危害度可以消除或降低到可接受水平。系统安全的目的是通过系统性的不利因素分析、风险评估、风险管理使风险度达到可接受水平。该文档给出了所有美国国防部系统所必须达到的最低安全水平的描述。当 MIL－STD－882 在合同中是必须参考的，并且没有其他特定的标准参考时，那么只有本部分的规定是可使用的。它包括系统安全工程方法文件、不利因素的鉴定、风险度评估、降低风险度措施的确定、降低风险度到可接受水平、降低风险度的校验、分析不利因素和经相关权威认定的残余风险度。

系统安全规定包括以下的条目：

(1)系统安全工程方法文件。把开发者和项目经理的被批准的系统安全工程方法写成文档形式。

1)用这些标准描述项目的执行。包括进行不利因素分析和风险度评估所用的步骤。

2)把系统安全信息归入整个项目的框架中。

3)定义不利因素和风险度如何被权威专家接受和如何被追踪。

(2)不利因素的鉴定。通过系统不利因素综合分析鉴定出不利因素，包括系统软硬件的详细分析、环境（系统存在的环境）和应用范围的分析。综合考虑和使用不利因素和灾祸的历史数据，包括从其他系统中可以得到的经验教训。不利因素的鉴定是项目组所有成员的责任，要考虑到全寿命周期内可能出现的不利因素。

(3)风险度评估。对每一个不利因素评估出对应的潜在危险度和发生的可能性,也就是得出不利因素对个人、工具、设备、运作、公众、环境所造成的负面影响和对系统本身造成的负面影响。

(4)降低风险度措施的确定。确定减轻风险度的不同选择措施和每个措施方法的效能。减轻风险度是一个反复迭代的过程,当残余风险度降低到权威专家可接受的水平时,它也达到极值。减轻不利因素对系统安全的影响的优先次序如下:

1)通过设计方案的选择来消除不利因素。如果不能消除此不利因素,通过设计方案的选择使相应的风险度降低到可接受水平。

2)使用安全设备。如果通过设计方案的选择无法消除不利因素,通过安全设备的使用使系统风险度降低到可接受水平。

3)加入警告设备。如果安全设备仍无法使风险度降低到可接受水平,使用警告系统来警示人员对不利因素的察觉。

4)开发应对措施和特殊训练。当通过方案设计无法消除不利因素或者使用安全或警告设备无法使风险度降低到可接受水平时,使用特殊的措施并加以训练。具体措施可以包含个人保护设施的使用。如果不利因素可能引发灾难的严重度被定义为"灾难性"或"紧急性",应避免仅使用"警告""小心"或其他书面警告措施。

(5)降低风险度到可接受水平。通过开发商和项目经理双方都同意的减缓措施来降低风险度。把残余风险度和不利因素进行相应的测试和校验确认。

(6)降低风险度的校验。通过适当的分析、测试和检查来校验风险度降低、减缓的情况。证明所确定的残余风险度。把所有在测试中检验出的新的不利因素情况报告给项目经理和开发商。

(7)回顾评论不利因素和经相关权威认定的残余风险度。把所确定的不利因素和残余风险度的情况通报项目经理。项目经理应该保证残余不利因素和风险度得到回顾评定,并被相应的权威专家认可。评定残余不利因素和风险度的相应权威人士应包括系统的使用者。相应的风险评定权威机构应书面承认和证明残余不利因素和风险度。

(8)追踪不利因素和不利因素的消除以及残余风险度。在整个系统寿命周期内保证有一个不利因素追踪系统来追逐不利因素和它们的终止以及残余风险度。项目经理应该对系统的使用者针对不利因素和残余风险度提出忠告。

2.7 其他国家和地区军用航空器适航性体系

2.7.1 英国军用航空器适航性体系

英国军用飞机适航性管理体制和模式基本上与美国大体一致，2003 年，英国国防部颁布了 JSP553 ——《军用适航性条例》,其中明确了军用飞机适航性的唯一责任主体为军方。英国国防部 2006 年、2007 年先后颁布的 DEF STAN 00－970——《军用航空器设计与适航性要求》系列标准规范,其内容涵盖了固定翼/旋翼航空器、有人驾驶/无人驾驶各类型航空器,共分为格斗型飞机、小型飞机(待颁布)、大型飞机(待颁布)、无人机、发动机、机载设备等 9 个分部设计与适航性要求以及应用指南(见图 2.4)。可在此系列标准规范的基础上,综合考虑英国国防部采办策略以及型号研制总体技术方案,剪裁确定适用的具体型号适航性审查准则要求。

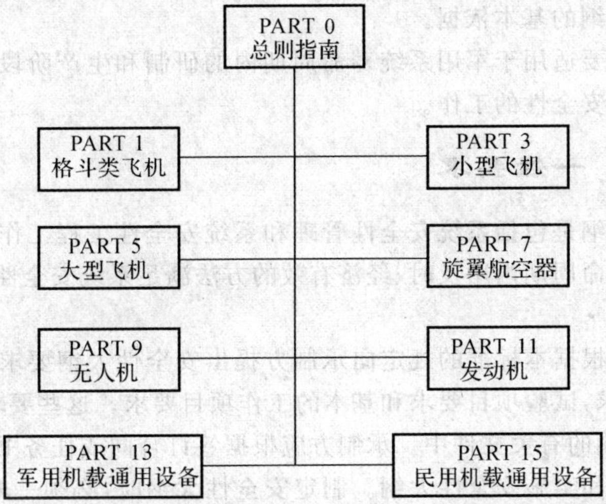

图 2.4　英国国防部军用航空器设计与适航性要求规范文件体系

2.7.2 加拿大军用航空器适航性体系

加拿大航空法赋予运输部长(MOT)、国防部长以及国防部长下的三军总参谋长发展航空法、制定航空条例以及监督管理航空事务的职责,加拿大航空法规定加拿大运输部长(the Minister of Transport,MOT)对加拿大境内的民用航空负责；国防部长（the Minister of National Befence，MND）对加拿大境内的军用航空负责，包括在加拿大境内的外国军用飞机。加拿大国防部制定的C－05－005001/AG－002——《适航性设计标准手册》——中规定了加拿大军用飞机的适航性技术体系，军用飞机的适航性技术体系比较复杂，首先按飞机类型划分了13个分体系，又按技术专业制定了很多补充适航技术要求，但是大部分内容还没有制定出来。

2.8 我国军用系统安全性通用规范（GJB 900－90）

2.8.1 主题内容与适用范围

《系统安全性通用大纲》（GJB 900－90）标准中规定了军用系统安全性的一般要求和管理与控制、设计与分析、验证与评价、培训、软件系统安全性等方面的工作项目，作为订购方提出具体系统的安全性要求和承制方制定具体系统的安全性大纲的基本依据。

该标准主要适用于军用系统寿命周期内的研制和生产阶段，也适用于其他阶段的有关安全性的工作。

2.8.2 一般要求

安全性大纲是包括系统安全性管理和系统安全性工程工作的文件，其目的是在系统寿命周期内用及时、经济有效的方法满足系统安全性要求，提高其使用效能。

订购方应根据本标准的规定向承制方提出安全性大纲要求，包括安全性定性、定量要求，试验项目要求和基本的工作项目要求。这些要求经双方商定后，应纳入合同的有关文件中。承制方应根据签订合同或任务书要求，按本标准的规定制定和实施安全性大纲。制定安全性大纲时，必须一开始就与质量管理、可靠性、维修性、人素工程、健康保障等工作综合权衡与协调，以达到最佳的费用效益。

1. 剪裁要求

标准规定的工作项目及其要点应按国家有关文件的规定，根据产品的类型、重要程度、经费与进度要求剪裁确定，并在军用系统的招标书、合同或任务书中明确规定。

2. 安全性大纲目标与要求

安全性大纲应保证及时地、经济地进行符合任务要求的安全性设计，并在系统寿命周期内识别、评价和消除系统中的危险或将其风险降低到订购方可接受的水平；当采用新的设计方法、材料、生产工艺和试验技术时，寻求最小风险；此外，在系统的论证、研制和订购中及时并充分地考虑安全性特性，以尽量减少在使用中为改善安全性进行的改装；当设计、技术状态或任务要求更改时，使风险保持在订购方可接受的水平。

3. 安全性信息要求

安全性信息包括系统论证、研制、生产、使用和退役等各阶段中有关的安全性数据、资料以及文件等。应建立安全性信息闭环系统，并制定信息必要的管理要求和程序；此外，还应记录重要的安全性信息，作为历史资料或修改有关设计手册和规范的参考资料；订购方应按安全性大纲要求向承制方提供有关的安全性信息，而承制方应按信息管理要求或后勤保障信息要求，对研制生成、试验和使用过程中所得到的安全性信息进行收集、传递、分析、处理、反馈和归档。

4. 系统安全性设计要求

应在考查系统设计所用的有关标准、规范、条例、设计手册和其他设计指南资料后，确定系统安全设计要求。一般的系统安全性设计要求包括通过设计消除已判定的危险或降低有关的风险；危险的物质、零部件和操作应与其他活动、区域、人员及不相容的器材隔离；尽量减少恶劣环境条件所导致的危险；系统设计时应尽量减少在系统的使用和保障中人为差错所导致的风险；为把不能消除的危险所形成的风险降到最低，应考虑采取补偿措施；尽量减轻事故中人员的伤害和设备的损坏；必须消除Ⅰ级和Ⅱ级的危险或将其相关的风险减少到订购方可接受水平。

5. 安全性措施优先次序要求

系统采取安全性措施的优先次序：首先确保是最小风险设计，在设计上消除危险，若不能消除已判定的危险，应通过设计方案的选择将其风险降低到订购方规定的可接受水平；其次应采用安全装置，使风险降低到订购方可接受水平；再次采用报警装置来检测出危险状况，并向有关人员发出适当的报警信号；最后制订专用规程，并进行培训。

6. 风险评价

应按危险严重性和危险可能性划分危险的等级，进行风险评价，并根据有关风险的评价来确定对已判定的危险的处理方法。

(1)危险严重性。危险严重性等级给出了危险严重程度定性的度量,其规定如表 2.1 所示。

表 2.1 危险严重性等级

等 级	事故说明
Ⅰ(灾难的)	人员死亡或系统报废
Ⅱ(严重的)	人员严重受伤、严重职业病或系统严重损坏
Ⅲ(轻度的)	人员轻度受伤、轻度职业病或系统轻度损坏
Ⅳ(轻微的)	轻于Ⅲ级的损伤

对于具体的系统应给出系统报废、系统严重或轻度损坏、严重或轻度职业病明确的规定,其规定应得到订购方和承制方双方的认可。

(2)危险可能性。危险可能性等级给出了发生危险的可能程度的定性度量,其规定如表 2.2 所示。

表 2.2 危险可能性等级

等 级	个 体	总 体
A(频繁)	频繁发生	连续发生
B(很可能)	在寿命期内会出现若干次	连续发生
C(有时)	在寿命期内可能有时发生	发生若干次
D(极少)	在寿命期内不易发生,但有可能发生	不易发生,但有理由预期可能发生
E(不可能)	很不容易发生以至于可以认为不会发生	不易发生,但有可能发生

对于具体的系统,应明确规定频繁、很可能、有时、极少、不可能及总体的大小,其定义应得到订购方和承制方双方的认可。

2.8.3　详细要求

1. 管理与控制

(1)制订系统安全性工作计划。

(2)对转承制方、供应方和建筑工程单位的安全性综合管理。

(3)安全性大纲评审。

(4)对系统安全性工作组的保障。

(5)建立危险报告,分析和纠正措施跟踪系统。

(6)试验的安全性。

(7)系统安全性进展报告。

2. 设计与分析

(1)初步危险表。

(2)初步危险分析。

(3)分系统危险分析。

(4)系统危险分析。

(5)使用和保障危险分析。

(6)职业健康危险分析。

(7)工作更改建议的安全性评审。

(8)订购方提供的设备和设施的安全性分析。

3. 验证与评价

(1)安全性验证。

(2)安全性评价。

(3)安全性符合有关规定的评价。

(4)安全性培训。

(5)软件系统安全性。

第三章 航空器初始适航管理

3.1 概 述

3.1.1 初始适航管理的内涵

适航性包括初始适航性和持续适航性。初始适航性保证飞机在设计和研制阶段满足适航性指标和要求，飞机通过初始适航审定就可取得适航证。持续适航性是指飞机交付使用以后适航性的保持。民用航空器的适航管理也可以划分为初始适航管理和持续适航管理，两者是互相联系和融合的，不能截然分开。初始适航管理主要指对民用航空产品设计、制造的适航审定、批准和监督。

对民用航空产品而言，从其研制构思开始，研制人员就需考虑航空产品的适航性要求，并根据航空器的设计质量、使用用途的不同而考虑应符合相应的适航标准。适航部门依据相关的法律、适航标准和管理要求，对民用航空产品的设计、制造、使用和维修实施以飞行安全为目的的技术鉴定、监督和管理。

适航部门根据各类适航规章、标准和程序，对民用航空产品的设计符合性和制造符合性进行型号合格审定和生产许可审定，并实施持续性的监督，以颁发型号合格证件、生产许可证件及适航证件为主要管理内容。民用航空产品的设计、制造部门对产品的初始适航性负责，适航部门负责监督检查航空产品的设计和制造的符合性，并通过一系列规章和程序来验证航空产品的设计特性、使用性能以及制造质量和安全状态。

3.1.2 初始适航管理中适航部门的基本责任

(1)制定民用航空规章和标准。

(2)确定航空产品的生产符合批准的设计，并处于安全可用状态。批准生产和质量保证系统。

(3)持续监督航空产品的使用并协助解决发生的使用困难。

(4)坚持不懈地履行适航部门的义务。

3.1.3　初始适航管理的基本内容

适航管理按照工作性质的不同可分为三种类型。

立法、定标——政府责成适航部门根据国家《航空法》，统一制定颁布各种与安全有关的技术的和管理的适航标准、规章、规则、指令和通告等，它是安全性的要求。

颁发适航证件——在民用航空器的研制、使用和维修过程中，通过依法审定和颁发各种适航证件的手段来检验执行程度或标准要求的符合性，它是合法资格凭证。

监督检查——适航部门通过颁证前的合格审定以及颁证后的监督检查等手段，促使从事民用航空产品设计、制造、使用和维修的单位或个人始终自觉地满足适航标准、规定的要求，它是符合性的要求。

具体地讲，初始适航管理工作的主要内容包括以下几方面：

1. 制定各类适航标准和审定监督规则

实施适航管理首先要建立并不断完善一套技术性和管理性法规体系，即针对各类民用航空器制定相应的技术性适航标准，把国家的航空安全政策具体细化和法律化，使适航管理有严格的技术性法律依据。同时，还要制定相应的管理性审定监督规则，明确而详细地规定适航管理的实施步骤和方法。这些规则是保证贯彻适航标准、有效地开展适航管理工作的行动指南。建立健全严格的法规体系是适航管理科学化的重要标志。

2. 民用航空器设计的型号合格审定

对民用航空器的设计进行型号合格审定，是适航管理最重要的环节。因为民用航空器的固有安全水平是在设计阶段确定的。适航部门要根据反映最低安全水平的适航标准，按严格详细的审定程序对民用航空器设计过程和有关的试验或试飞进行逐项审查和监督。只有符合适航标准，通过了型号合格审定，取得了型号合格证的民用航空器，才具备投入生产和使用的资格。

3. 民用航空器制造的生产许可审定

为保证民用航空器的制造符合其型号合格证书的审定和满足设计要求，适航部门必须对制造厂的质量保证系统和技术管理系统进行全面详细的审定，实施制造符合性检查。制造厂必须具备足够的生产能力，通过了生产许可审定并取得生产许可证之后，才具备生产民用航空器的资格。生产许可证书上详细规定了允许生产的产品。制造厂经批准的质量保证和技术管理系统不得随意更改，并须接受适航部门的监督和检查。

4. 民用航空器的适航检查

为保证每一架在册民用航空器的使用安全，在航空器投入运行之前，适航部门要对其进行适航检查。航空器及其各种装置、设备均须处于适航状态，各类技术文件合格、齐全，并取得适航部门颁发的航空器适航证书，方可投入使用。

对在外国注册的民用航空器，若由中国使用者在中国境内使用，必须得到中国适航部门的批准。这也是维护中国民用航空安全和公众利益的正当和必要的措施.

3.2 航空产品的型号合格审定

型号合格审定和批准的形式包括型号合格证或型号设计批准书、补充型号合格证，型号合格证更改及其他型号设计更改。在初始型号合格审定过程中，适航部门须投入的人力、财力最多，且最费时间；型号设计的补充或更改，其审查的程序和方法是一样的，但投入的人力、财力相对较少，且省时间。

3.2.1 型号合格证的申请

民用航空器、航空发动机和螺旋桨的设计人或制造人可以向适航部门提出型号合格证申请，但须按规定的格式填写申请书。

申请人在提交申请书时应附有下列文件：

(1)型号设计特征介绍，包括新颖或独特的设计特点，研制历史与继承性的设计特征及潜在的市场说明。

(2)适用的适航标准和建议的专用条件，以及为满足适航标准拟订的符合性验证计划。

(3)对于航空器，应提交其三视图和基本数据(如使用特性和限制等)。

(4)对于发动机和螺旋桨，应提交其初始型号说明、纵剖面图、工作特性曲线和使用限制说明等资料。

适航部门收到申请人的型号合格证申请书及所附资料后，指定项目主管人员对其进行初步评审，在90天之内决定是否受理申请。若同意项目申请，发出受理通知书；若不同意项目申请或手续不完备的，以函件形式通知申请人。

受理型号合格证申请后，适航部门的项目主管人员负责首次型号合格审定委员会会议前的技术准备工作和整个型号审定过程中的协调工作。项目主管人员负责组织有关人员听取申请人的项目介绍，并指导和帮助申请人准备应向首次委员会会议提交的文件及讨论有关型号合格审定基础的问题等。

3.2.2　适航标准和管理要求

适航部门为了保证民用航空安全，维护公众利益，促进航空事业的发展，为民用航空产品的设计及设计审查、批准制定了相应的适航标准和管理要求。航空产品的设计人通过各种计算、分析、试验等证明符合相应的适航标准和管理要求。

适航标准是适航部门根据民用航空工业的发展水平及航空产品的使用类别而制定的最低安全标准。管理要求是适航部门为保证航空产品设计、制造、使用和维修符合适航标准而制定的程序性管理规定。

适航标准有《正常类、实用类、特技类和通勤类飞机适航标准》(CCAR-23)、《运输类飞机适航标准》(CCAR-25)、《一般类旋翼航空器适航标准》(CCAR-27)、《运输类旋翼航空器适航标准》(CCAR-29)、《航空发动机适航标准》(CCAR-33)、《螺旋桨适航标准》(CCAR-35)、《民用航空材料、零部件和机载设备技术标准规定》(CCAR-37)等。

管理要求有《民用航空产品和零件合格审定的规定》(CCAR-21)、《民用航空器适航指令规定》(CCAR-39)、《民用航空器适航委任代表和委任单位代表的规定》(CCAR-183)等。

适航标准的确定是根据提交型号合格证申请书之日有效的适用的适航标准(适航部门另有批准除外)以及适航部门规定的某些专用条件，还包括航空器噪声和发动机排污的规定等。

自型号合格证申请人提交申请书之日起，适航标准适用性的有效期为5年。如果申请人无法在规定的期限内完成型号合格审定所需的工作，则应与适航部门协商如何满足适航标准变更的要求。

如果适航部门认为提交进行型号合格审定的产品具有新颖或独特的设计特点，而且有关安全性要求、营运的特殊适航要求及环境保护要求没有包含在现行的适航标准之中，适航部门将制定专用条件及修正案。专用条件在征求公众意见后颁发。专用条件与适航标准具有同等效力。

适航标准的豁免或等效安全措施：当申请人设计的航空产品的某些设计特征无法完全满足适航标准的要求，但航空产品类似设计特征具有长期安全使用的经验，或采用等效安全措施能够达到相同安全水平时，申请人可以向适航部门申请适航标准的豁免，适航部门将根据航空产品的设计特征、安全性影响以及采用等效安全措施的情况，批准豁免的申请。

3.2.3 设计审查和符合性要求

航空产品的设计审查和符合性验证工作是一项非常复杂的工作，涉及许多专业技术领域和管理范畴。在设计审查过程中，申请人（设计人）应确定设计方案和详细设计内容，如图纸、技术规范和计算报告等，申请人还需自我分析产品的设计特性、试验产品设计性能（地面、飞行试验），并验证对适航标准的符合性。适航当局针对航空产品申请设计批准时适用的适航标准，确定审定基础及补充要求。

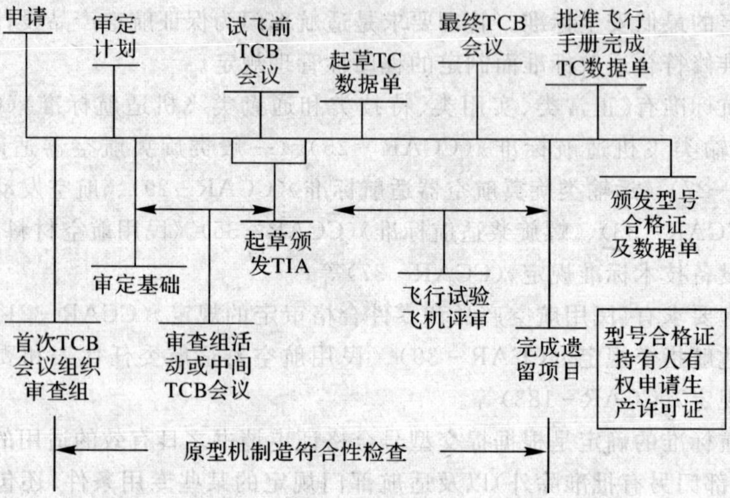

图 3.1 典型航空器型号合格审定步骤

航空产品的设计审查和型号合格审定的主要步骤（见图 3.1）如下：

· 航空产品的设计人向适航当局申请型号合格证件；

· 适航当局成立型号合格审定委员会和审查组；

· 召开首次型号合格审定委员会会议；

· 确定型号合格审定计划；

· 确定型号合格审定基础（包括适航标准的修正案版次、专用条件、豁免条款等）；

· 审查问题纪要；

· 审查组评审申请人对适航标准和管理要求的符合性，并确定符合性的接受准则；

·型号合格审定委员会审定过程中会议；
·检查原型产品的制造符合性；
·审查组颁发型号检查核准书；
·型号合格审定委员会召开局方试飞前会议；
·评审航空产品的试验、试飞；
·评审使用限制和要求；
·批准飞行手册、维修大纲、主要设备清单等技术文件；
·完成型号合格证及数据单；
·颁发型号合格证及数据单。

航空产品的型号设计主要包括：

(1)说明产品的构型(状态)和设计特征符合有关适航标准所需的图纸、技术规范及其清单。

(2)说明产品结构强度所需的尺寸、材料和工艺资料。

(3)按照有关适航标准的要求，所需的使用限制部分。

(4)对适航标准修正案及噪声要求的符合性说明。

在型号合格审查过程中，由航空器审定中心组成审查组。审查组成员主要包括结构、机械及环境系统、电子/电气设备系统、动力装置系统、发动机及螺旋桨等专业领域的工程师，还包括试飞工程师、试飞驾驶员以及制造检查员等。

结构工程师主要负责审查以下内容：航空产品结构的载荷，应力分析，材料(金属、非金属、复合材料)强度，结构件试验方法，结构设计特性，抗坠性，疲劳和损伤容限，制造工艺，振动和颤振，防火和阻燃特性，闪电防护以及结构系统交联等方面。

机械及环境系统工程师主要负责审查以下内容：飞机系统的功能，系统的可靠性和安全性，系统间接口和交联以及每一系统的重要零部件，增压系统，液压系统，氧气及呼吸保护系统，机轮、轮胎和刹车系统，气动系统，空调和加温系统，臭氧保护系统(大型飞机)，除雨及除雾系统，飞机结构防冰系统，防火系统(火警探测和灭火设备)，飞行操纵系统，电子/电气设备冷却和加温系统，饮用水和废水系统(大型飞机)，货舱操纵系统(大型飞机)，乘客安全性和抗坠性以及具有高能量转子的设备，起落架操纵系统等。

电子/电气设备系统工程师主要负责审查以下内容：飞机系统的功能，系统的可靠性和安全性，系统间接口和交联以及每一系统的重要零部件，电子设备显示系统，电子控制系统，机载电气系统，电载荷分布，软件评估，数字式计算机应用，电子导航指引系统，试验和分析评估，设备安装及其他特种技术等。

动力装置系统工程师主要负责审查以下内容：飞机动力装置系统设计和安装，安全性分析和评估，发动机操纵性能，飞机动力装置控制系统，防火系统，燃油、滑油和冷却系统，试车和试验方法，设计和制造工艺，环境影响，指示设备，安装结构的疲劳和损伤容限，声学，有关电子/电气系统，燃油通风和排气污染以及反推装置等。

发动机及螺旋桨工程师主要负责审查以下内容：发动机及螺旋桨使用特性，控制系统，发动机及螺旋桨结构完整性，疲劳特性和故障分析，性能分析，燃油、滑油和冷却系统，试验和试车方法，安装点设计，材料特性，机械设计，计算机控制系统，安全性和可靠性分析与评估，以及使用手册和安装手册等。

试飞驾驶员和工程师主要负责审查以下内容：飞机的性能和试飞/试验方法，飞机的稳定性和操纵特性，飞机各系统功能和交联特性试验试飞（包括气动、机械、液压等），飞行试验的安全性，载重与平衡方法，试飞计划，结冰状态试飞，振动、抖振和颤振试飞，电子/电气系统试飞，驾驶舱评估及最小机组评估，大气数据全静压及温度传感系统试飞，指示及数据采集等方面。

制造检查员主要负责审查以下内容：产品的工程图纸、工艺规范或技术说明书，产品结构件和试验件的制造符合性，整机地面试验，航空器试飞，发动机台架试验前检查及试验设备的符合性，发动机和螺旋桨台架试验后的分解检查，机载设备功能和可靠性的符合性，航空器适航性，质量控制系统及程序等。

3.2.4 试验、试飞及符合性检查

民用航空产品型号合格证申请人必须允许适航部门对其设计和制造的航空产品（原型机）进行任何形式的检查、试验和飞行试验，以使适航部门确认航空产品的设计和制造符合适用的适航标准和审查程序。

被审查的航空产品及其零部件在提交适航部门进行检查和试验之前，申请人应进行相应的检查和试验，以保证航空产品符合有关的适航标准和噪声要求；材料、工艺和产品符合型号设计的技术规范；产品的零部件符合型号设计的图纸；制造工艺、构形（状态）及装配符合型号设计的规定。航空产品在提交适航部门进行试验期间，申请人不可对该产品及其零部件做任何设计更改，除非另外获得批准。适航部门各专业审查工程师根据适航标准提出对航空产品进行各类试验及观察试验的要求。

适航部门在对航空产品进行局方试飞前，申请人必须满足适航部门规定的各项地面试验和飞行试验的要求。在进行试验前，申请人必须表明航空产

品符合适航标准中有关的结构完整性要求；完成了必要的检验和检测，且航空产品符合型号设计。申请人还应进行必要的飞行试验，以验证航空产品的性能、系统功能和可靠性，并向适航部门提交研制试飞的报告和结果。适航部门在完成制造符合性检查及评审申请人主要试验和试飞项目后，由适航部门的试飞员或委任的试飞员对航空产品进行局方试飞。

符合性检查是适航部门在被审查的航空产品进行审定试验和局方试飞之前进行的。符合性检查包括产品设计对适航标准的符合性及产品的生产制造对批准设计的符合性，此外还涉及试验设备和设施的检查。申请人在适航部门的检查员进行制造符合性检查之前，应提交制造符合性声明，以证明产品的制造符合经批准的型号设计。适航部门对航空产品的符合性检查贯穿于型号合格审定的整个过程中。

3.2.5 设计批准及设计更改批准

航空产品设计批准的主要形式是颁发型号合格证。型号合格证适用于民用航空器(飞机和旋翼机)、航空发动机和螺旋桨。对航空材料、零部件和机载设备依类别颁发技术标准规定项目批准书(CTSOA)和零部件制造人批准书(PMA)及其他批准方式(后面将详细叙述)。

型号合格证是通过对某一型号航空产品(航空器、航空发动机和螺旋桨)的设计进行安全性评估和审查，以确定其是否符合有关的适航标准，由民航总局给该航空产品颁发一种合格性证件。颁发型号合格证的前提是审查并批准了以下文件和资料：

(1)型号设计(图纸、图纸清册、材料和工艺规范)。

(2)使用限制(营运和飞行规则、营运种类限制)。

(3)航空器飞行手册(操作使用限制、驾驶舱仪表标记、飞行操纵标牌、正常和应急操作程序)。

(4)型号合格证数据单(指定航空产品的基本状态和限制、生产批准状态、适航审批的有效飞机序号)。

此外，颁发航空器型号合格证时，应先颁发其装用的发动机和螺旋桨的型号合格证及数据单。

典型航空器型号合格证数据单的内容包括：

· 编号，颁发日期，修改日期；

· 适用的型号；

· 型号合格证持有人；

- 发动机型号合格证编号；
- 发动机数据；
- 燃油(等级，牌号)；
- 螺旋桨型号合格证编号；
- 螺旋桨数据；
- 空速限制；
- 重心范围；
- 基准(基准点)；
- 平均气动力弦(MAC)；
- 水平措施；
- 最大滑行、起飞、着陆、零燃油质量；
- 最少机组成员；
- 座位数；
- 最大行李质量；
- 燃油容量；
- 滑油容量；
- 最大使用高度(适用时)；
- 操纵面运动范围；
- 制造厂给定的飞机序号；
- 审定基础；
- 生产依据；
- 机载设备清单；等等。

型号设计更改的批准形式分为型号合格证更改，颁发补充型号合格证以及设计更改批准。型号设计更改是指对航空产品型号设计中图纸、图纸清册、材料和工艺规范及航空器(发动机、螺旋桨)的构型(状态)、设计特性及产品结构强度等的更改。

型号设计更改分为“小改”和“大改”。“小改”是指对产品的质量、平衡、结构强度、可靠性、使用特性以及对产品适航性没有显著影响的更改等。典型的“小改”包括差微小变化，圆角半径合理加大，允许厚度增加且无有害影响，次要零件材料的代用与改进，热表处理改进以及次要零件设计的改进等。

“大改”是指除“小改”之外的设计更改，也就是对产品质量、平衡、结构强度、可靠性、使用特性及对产品适航性有显著影响的更改。典型的“大改”包括航空器机身结构加长，更换新型发动机，改变推进方式，增减发动机的数目，换装重要机载设备，改变螺旋桨桨叶，发动机压缩比改变，改变涡轮排气温度或气缸温度，转动部件在材料或安装设计等方面可能对适航性产生影响的更改。

型号设计更改适用的要求如下：

(1)除有关噪声和排污规定的要求外，型号合格证更改和补充型号合格证申请人应满足下述适用的适航标准和要求：

1)原型号合格证申请时所参照的适航标准的适用部分及专用条件；

2)申请型号合格证更改或补充型号合格证之日生效的适航标准的适用部分及其修正案和有关的专用条件。

(2)若适航部门认为拟进行的设计更改构成航空产品零部件，设备安装或系统安装的重新设计或全新设计，且该产品的原型号合格审定所依据的适航标准对拟进行的设计更改尚无有效的规定和标准，型号合格证更改和补充型号合格证申请人应：

1)符合申请设计更改之日生效的适航标准中的适用部分及批准的等效安全措施；

2)符合对设计更改所提出的专用条件及其修正案和批准的等效安全方法。

重新申请型号合格证。当任何人对型号设计的更改导致下列变化时，应向适航部门重新申请型号合格证：

(1)凡对航空产品的设计、构型、动力、功率限制、速度限制或质量的更改过大，以致于有必要对该航空产品与相应的适航标准及专用条件的符合程度进行全面的、详细的审查时。

(2)改变航空器所装发动机的数目或旋翼的数目，或换用不同推进原理的发动机或旋翼及换用不同工作原理的旋翼。

(3)改变发动机的工作原理。

(4)改变螺旋桨桨叶数目或桨距变距工作原理等。

3.2.6　型号合格证件的管理和监督

型号合格证件长期有效，除非适航部门暂停、吊销或另行规定终止日期。型号合格证件持有人有权将其型号合格证转让他人，但转让协议书应送交适航部门备案。型号合格证持有人（或型号合格证转让权益所有人）的权利包括：

(1)如果型号合格证持有人的设施和质量保证系统符合 CCAR－21 的规定，可以获得生产许可证。

(2)如果生产的航空器符合 CCAR－21 有关规定,可以获得适航证件。

(3)如果生产的发动机和螺旋桨符合 CCAR－21 有关规定,可以获得适航批准书。

型号合格证件持有人除上述权利及职责外,还应保证向该型号航空产品的使用人提供按适航标准中 CCAR－23.1529,CCAR－25.1529,CCAR－27.1529,CCAR－29.1529,CCAR－31.82,CCAR－33.4 和 CCAR－35.4 条的要求制定的持续适航文件及相应的修改部分。

型号合格证持有人对已经批准的型号设计所做的任何更改均需报告适航部门并获得批准。型号合格证持有人还应按CCAR－21的有关规定,向适航部门报告该型产品的故障、失效和缺陷的情况。

对特殊类别航空器的设计,如滑翔机、载人气球、超轻型飞机(起飞全重不大于 500 kg)及装在其上的发动机和螺旋桨等,应符合适航部门认为适用的适航标准中相关的适航要求,或具有等效安全水平的其他适航要求。适航部门根据具体航空器的特殊用途和设计特性制定审查标准和程序,并对审查合格的航空器颁发型号设计批准书。

军用航空产品的设计或制造人若将军用航空产品转为民用,设计人或制造人应向适航部门申请型号合格证,若申请人能证明该航空产品满足CCAR－21 有关要求,则申请人应向适航部门提供鉴定验收资料和实际使用记录来证明具有实质上相同的适航性水平。若要求该航空产品符合适航标准的某些适用条款会使申请人负担过重,适航部门可同意不必完全符合某些适用条款,但必须证明军方使用经验具有等效安全水平,或规定相应的使用限制,以便保证飞行安全。

3.3 航空产品的生产许可审定

任何生产民用航空产品的制造人,其生产质量保证系统必须经过适航部门的批准。生产许可审定批准的形式分为两部分,一部分是生产许可证和批准的生产检验系统;另一部分是技术标准规定项目批准书(CTSOA)和零部件制造人批准书(PMA)。本节介绍第一部分,第二部分将在后文详细叙述。

3.3.1 生产许可审定的申请

民用航空器、航空器发动机和螺旋桨的设计人或制造人可以向民航总局适航部门提出生产许可证或批准的生产检验系统的申请,但须按规定的格式填写申请书。

航空产品型号合格证申请人在取得适航部门颁发的型号合格证后，尚需一定的时间才能获得适航部门对其生产航空产品的质量保证系统的批准时，型号合格证持有人(或型号合格证转让权益获得者)欲生产经批准的型号设计的完整产品或部件时，应向适航部门保证：

(1)每一产品或零部件均可提供适航部门检查；

(2)仅在型号合格证颁发后一年内进行上述生产活动；

(3)每一产品对型号设计的符合性由适航部门确定。

这种仅依据型号合格证生产航空产品的活动，申请人应在型号审查委员会最终会议之前向适航部门提出正式申请，以使适航部门有足够的时间安排检查活动。

若型号合格证持有人欲在型号合格证颁发一年后继续制造航空产品，必须建立和保持一个经批准的生产检验系统。申请人应在适航部门颁发型号合格证之前或在适航部门批准进行仅依据型号合格证生产期限之前三个月向适航部门提出申请。

生产许可证是通过对制造人生产能力、质量控制系统和工程技术管理系统的审查和评估，以确定其能保证所复制生产的每一航空产品都符合经批准的型号设计，由适航部门颁发给制造人的一种资格性证件。

生产许可证包括许可生产项目单。许可生产项目单包括生产产品的名称、型号合格证编号及批准生产的日期。

3.3.2 质量保证系统的要求

对于批准的生产检验系统，申请人应向适航部门提供一本质量保证手册，并建立一个适航部门可接受的生产检验系统，它包括以下内容：

(1)建立由质量控制、工程设计和其他技术部门的代表组成的器材评审委员会及器材评审程序。

(2)用于制成产品的工厂原材料、外购件或转包件，必须符合型号设计资料的规定，或是适用的等效品。

(3)工厂器材、外购件或转包件，如其物理或化学性能不能及时准确测定时，必须有识别标志。

(4)易受损和易变质的器材必须妥善地储存和充分地保护。

(5)影响制成产品质量和安全性的工艺，必须符合适航部门认为适用的规范和标准。

(6)制造和检验人员必须容易得到有效的设计图纸,并且这些图纸在需要时能够使用。

(7)必须控制包括材料在内的设计更改,并在制成产品前得到批准。

(8)隔离拒收的器材和零件,必须作上标记,以防误装到制成产品上。

(9)检查记录必须保存,且至少保存5年。

对于生产许可证申请人,必须表明申请生产许可证的任何产品已经建立并能够保持一个质量保证系统,确保产品的每一项目均能符合相应型号合格证的设计要求。

对生产许可证申请人的质量保证系统和资料的要求如下:

(1)申请人应向适航部门提交说明检验和试验程序的资料,并保证每一生产的产品都能符合批准的型号设计,并处于安全可用状态。

(2)航空产品主制造人应使适航部门了解其授权供应厂商对零部件进行检验的一切情况及主制造人对供应厂商质量控制系统监督检查的情况。

为了保证航空产品的生产符合批准的型号设计并处于安全可用状态,生产许可证申请人应建立一套质量保证系统,它包括下述功能:

·技术资料的控制;

·制造过程的控制;

·特种工艺的控制;

·无损检测的控制;

·工量具的控制;

·供应厂商的控制和接收检验;

·试验的控制;

·器材评审的控制;

·储存和运输的控制;

·产品交付的控制(适航性审定);

·产品技术支援和使用困难的控制;

·自我审核的控制。

3.3.3 生产许可审定的程序

当生产许可证申请人按中国民用航空规章(CCAR-21)的规定向适航部门提交了申请书(表AAC-017)并提供了符合CCAR-21规章有关规定的文件后,适航部门将对申请人提供的资料及申请人的状态进行初步评审,确定对申请人的申请是否予以受理。对同意受理的,适航部门发出受理通知书;对不予受理的，书面函告申请人。受理后按适航管理程序 AP－21－04 视情况组织生产许可审定委员会和生产许可审查组。

审查组根据适航管理程序 AP－21－04 的要求和质量保证系统评审要求，对申请人提供的质量保证手册及有关文件和程序以及生产现场的设施和设备进行审查，审查组提出审查意见，召开生产许可审定委员会或审查组会议，做出审查结论。任命主管检查员，批准质量保证手册及有关的文件和程序，对申请人颁发生产许可证及许可生产项目单。

3.3.4　生产许可证件的管理和监督

生产许可证件持有人应将适航部门颁发的生产许可证陈列在主要办公地点的显著位置。

生产许可证持有人有责任保证其质量保证系统持续地符合为获得生产许可证时所批准的质量保证手册和程序的要求，任何更改均应报适航部门主管检查员批准；保证每项提交适航性审查或批准的产品符合批准的型号设计要求并处于安全可用状态。

生产许可证持有人若要更改生产许可证及许可生产项目单中的内容，以增加或减少生产产品的型号或型别，必须按规定的格式和方式向适航部门申请。

生产许可证不允许转让。生产许可证持有人可以延伸其生产设施至其他地方，但必须经适航部门批准。

生产许可证持有人无须向适航部门进一步证明即可获得下述适航批准：

(1)对于航空器可获得适航证。

(2)对于发动机、螺旋桨可获得适航批准书。

(3)对于其他产品可获得批准放行证书/适航批准标签。

但是适航部门有权检查该航空产品是否符合批准的型号设计并处于安全可用状态。

适航部门指派主管检查员负责对生产许可证持有人的管理和监督，主管检查员负责审批涉及产品检验、符合性或适航性的质量保证系统的更改，审批制造工艺及特种工艺文件中质量控制条款的修改，管理和指导委任生产检验代表并监督他们工作，签发适航证书，调查产品使用中涉及制造和质量方面的使用困难，对持证人质量保证系统中存在不满足要求的问题进行检查并监督纠正措施的落实情况，协调和安排适航部门对持证人质量保证系统的复查等工作。

适航部门对生产许可证持有人进行监督的形式有以下 3 种：

(1)随机监督，指主管检查员根据需要进行的监督活动。

(2)日常监督，指主管检查员按职责要求所进行的经常性监督活动。

(3)复查，指适航部门每两年对持证人所进行的一次全面性检查。

对日常监督或复查中发现的重大问题，持证人应按适航部门的规定采取纠正措施。但是，在适航部门规定的期限后，仍存在较大的偏离或差异或不能使质量保证系统有效地运行，适航部门将采取强制措施并按处罚规定对持证人处以警告、罚款、暂停或吊销生产许可证等处罚。

3.3.5 航空材料、零部件和机载设备审定

为了保证民用航空器的适航性及航空发动机和螺旋桨处于安全可用状态，适航部门对航空器、航空发动机及螺旋桨安装和使用的航空材料、零部件和机载设备规定设计审查标准及生产质量控制要求。适航部门对航空材料、零部件和机载设备的审定批准方式有以下 4 种：

(1)零部件制造人批准书(PMA)。

(2)技术标准规定项目批准书(CT50A)。

(3)随航空器型号合格审定一起批准。

(4)其他批准方式。

监督与检查方面，适航部门指定主管检查员负责对零部件制造人批准书和技术标准规定项目批准书及其他航空材料、零部件和机载设备的批准方式的持有人进行监督和检查。持证人应保证其质量保证系统持续地符合适航部门的要求，对质量保证手册和程序的任何更改均应报主管检查员批准。持证人有责任保证每项提交适航性审查或批准的产品符合批准的型号设计要求并处于安全可用状态。

对零部件制造人批准书的项目所进行的任何更改均应报主管检查员批准。持证人应对产品生产过程及使用过程中发现的问题及时采取纠正措施并做好产品的售后技术支援工作。持证人应按 CCAR－21 有关条款的规定向适航部门报告所生产产品制造过程及使用过程中的故障、失效和缺陷的报告。持证人还应按 CCAR－183 的要求向适航部门推荐符合委任工程代表和委任生产检验代表资格的人选。

适航部门将对持证人进行定期和不定期的检查。对检查中发现的重大问题，持证人应按适航部门的规定采取纠正措施。如果在适航部门规定的期限后，仍存在较大的差异或偏离，不能使质量保证系统有效地运行，适航部门将

采取强制措施并按处罚规定对持证人予以警告、罚款以及暂停或吊销零部件制造人批准书和技术标准规定项目批准书及其他批准证书。

3.4 航空产品的适航性审查

每一个航空器进行合法的飞行前，必须具备适航证件。每一个航空产品安装在航空器上使用前，必须经过适航性审查，以保证该产品符合经批准的型号设计，并处于安全可用状态。

3.4.1 适航证和特许飞行证

适航证是指适航部门通过对每一架航空器进行检查，以确定航空器的构型（状态）符合经批准的型号设计，并处于安全可用状态，从而给每一架航空器颁发合格性证明。

1. 适航证的种类

在 CCAR－21《民用航空产品和零件合格审定的规定》中有 3 类适航证：

（1）运输类适航证：颁发给用于商业性客货运输的航空器。

（2）专业类适航证：颁发给用于通用航空专业飞行的航空器。

（3）初级类适航证：颁发给滑翔机、载人气球、超轻型飞机，并规定限制飞行的条件。

任何拥有中国国籍的民用航空器的所有人或使用人，均可申请其航空器的适航证。航空器适航证的申请按适航部门规定的格式填写适航证申请书，并向适航部门提供航空器制造国或使用国适航当局颁发的出口适航证或适航证，以及修理或改装后用以证明航空器符合批准的型号设计以及保证航空器持续适航性所需的有关技术资料等，适航证仅颁发给依据生产许可证制造的航空器，或仅依据型号合格证制造的新航空器，以及已取得中国民用航空总局型号认可证的进口航空器。

此外，对于具有外国国籍和适航证且其型号设计已经适航部门批准的航空器，航空器的使用人欲使用该航空器在中国营运或作业，则必须向适航部门申请外国航空器适航证认可声明，同时应提供航空器注册国所颁发的适航证和登记证的副本。

适航部门对航空器适航证和外国航空器适航证认可声明规定了明确的有效期。

航空器适航证或外国航空器适航证认可声明应置于航空器上明显处，以备适航部门检查。

航空器适航证或外国航空器适航证认可声明可随航空器一起转让。

2. 适航证的有效性

当航空器存在下列情况时，适航部门将吊销航空器的适航证：①进行了适航证件规定的使用范围之外的飞行；②未按批准的维修大纲或维修要求进行维修；③未在规定的时间内满足适航指令的要求；④维修和改装工作违反了规定的要求和程序。

当航空器存在某种可疑的危及安全的特征，或遭受损伤而短期内不能修复，或封藏停用时，适航部门将暂停航空器适航证件的有效性。航空器所有人或使用人在接到适航部门发出的适航证件吊销或暂停其有效性的通知后，应立即将适航证件交还适航部门。

当航空器出现诸如适航证件丢失，航空器登记号码更改，航空器使用范围更改或适航证件被吊销、暂停有效性等情况时，航空器的使用人须向适航部门重新申请适航证。

3. 特许飞行证的种类

当航空器的现行状态不完全符合适用的适航要求而可以进行某些特定目的的飞行时，适航部门对该航空器颁发特许飞行证。特许飞行证分三类。

第一类特许飞行证适用于尚未具备有效适航证且须从事下列活动之一的航空器：

(1)研究与发展。为试验航空器新的设计构思、新的设备、新的安装、新的操纵技术及新用途而进行的飞行。

(2)验证性飞行。为证明符合适航标准而进行的试验飞行，包括证明符合颁发的型号合格证和补充型号合格证的飞行，证实重要设计更改的飞行，证明符合功能和可靠性要求的飞行以及生产试飞等。

(3)机组训练。训练航空器用户机组而进行的飞行。

(4)表演。在航空展览会、电影、电视等类似表演活动中展示航空器飞行能力、性能和不寻常特性及飞行能力而进行的飞行(包括飞往和飞离这些活动场所)。

(5)市场调查。为航空器市场调查、销售表演等进行的飞行。

(6)体育活动。为进行某些体育表演、特技表演等飞行。

(7)其他批准的飞行。

第二类特许飞行证适用于尚未具备有效适航证或其目前状态不符合有关适航要求且须从事下列活动之一的航空器：

(1)为进行修理、改装、维修或封藏而调机飞行。

(2)为交付或出口而调机飞行。

(3)为撤离危险地区而调机飞行。

第三类特许飞行证由适航部门颁发给特殊批准的航空器。

任何航空器的所有人或使用人应按适航部门规定的格式向适航部门申请特许飞行证。特许飞行证申请人除按规定的内容填写特许飞行证申请书外，应提交必要的检查和维修方案以及飞行计划和机组人员情况，还应提交航空器不符合有关适航要求的情况等。

适航部门在接到特许飞行证申请书后，将组织适航检查人员对航空器进行审查，或授权有关单位或个人进行检查，提出确保飞行安全的各种限制条件，并颁发相应类别的特许飞行证。特许飞行证上规定有明确的使用范围、类别和必要的限制。

4. 特许飞行证的基本要求和限制

(1)对于尚无正式国籍登记标志的航空器，当批准其做特许飞行时，应指定临时识别标志。

(2)进行特许飞行的航空器，其临时识别标志或临时登记标志应按规定位置要求置于航空器的外表。

(3)进行特许飞行的航空器不得从事商用客货运输服务。

(4)进行特许飞行的飞行机组必须持有民航总局所颁发或认可的执照。

(5)进行特许飞行的航空器不得载运与该次飞行作业无关的人员；飞行机组成员各有关人员必须知晓该次特许飞行的情况及有关的要求和措施。

(6)进行特许飞行的航空器必须满足相应的飞行规则，应避开空中交通繁忙区域或可能对公众安全发生危害的区域。

(7)进行特许飞行的航空器必须满足飞行手册中所规定的性能限制及民航总局规定的特殊限制。

3.4.2　适航性检查与确定

航空器所有人或使用人应在与适航部门商定的时间和地点提供拟申请适航证件的航空器，并做好准备(包括打开发动机吊舱，拆下检查盖板，提供工作梯等)，以便适航部门指派检查员对航空器进行必要的检查以确定是否符合型号批准(或认可)的要求和营运适航要求。当适航部门认为必要时，将对所申请适航证的航空器进行试验飞行，以证明其飞行性能、操纵性能和航空电子设备等的功能符合规定的要求。如果是使用过的航空器，申请人应将曾在该航空器上所完成的维修、改装、试飞等工作记录提交适航部门检查。

对航空器颁发适航证前，适航检查员应确认并检查以下项目：

(1)中国民用航空总局对该型航空器颁发的型号合格证/型号认可证或特殊批准的文件。

(2)航空器所有人或使用人符合中国民用航空总局专用条件的声明和批准豁免的证明以及等效安全措施。

(3)制造国适航当局颁发的航空器出口适航证(若为进口航空器)。

(4)符合型号合格证数据单的航空器、发动机和螺旋桨的制造厂家、型号及生产序号。

(5)航空器销售账单或其他可证明航空器所有权的文件副本。

(6)主要安装设备清单(包括产品型号、序号或件号及有关说明等)。

(7)适航部门颁发的适用适航指令清单及航空器、发动机、螺旋桨制造厂家符合适航指令的声明(包括重复检查项目的适令指令)。

(8)航空器注册状态(包括出口航空器国家适航当局注销该航空器注册的声明或从未注册的声明)。

(9)航空器外表登记注册标志。

(10)有关持续适航的文件均已齐备。

(11)制造厂生产试飞报告及对生产试飞中发现问题采取纠正措施落实的说明。

(12)重大加装或改装批准(工程更改、使用人选择、设备安装选择)证明文件和说明。

(13)在客舱、货舱或储物舱以及航空器外表所有要求的标记和标牌的中文说明(若为双语言标记最好选用中、英文)。

(14)载重平衡及水平测量记录。

(15)座椅状态的批准(驾驶员、机组成员、旅客及特殊安排等)。

(16)罗盘系统及磁罗盘校准偏差记录。

(17)航空器、发动机、螺旋桨累积使用小时数记录。

(18)航空器噪声合格证副本。

(19)制造厂家对每架航空器生产控制和试验报告清册(包括制造过程中重大超差处理记录，如 MRB 处理报告和记录等)。

(20)飞行数据记录器(FDR)和驾驶舱话音记录器(CVR)记录内容译码报告。

航空器适航性的确定取决于航空器的使用类别和使用范围，对不同使用目的的航空器适航性检查的内容和范围可视情况有所区别。

3.4.3　批准放行证书(适航批准标签)

除航空器、发动机、螺旋桨制造厂生产的材料、零部件和机载设备安装在已获型号批准的航空器上之外，任何航空材料、零部件和机载设备欲安装在已获型号批准的航空器、发动机和螺旋桨上时，必须附有适航部门的代表签发的批准放行证书/适航批准标签(见图 3.2)。

批准放行证书/适航批准标签
AUTHORIZED RELEASE CERTIFICATE /AIRWORTHINESS APPROVAL TAG

使用者/安装者职责
USER/INSTALLER RESPONSIBILITIES

(1) 必须明确：本文件并不批准零件/组件/部件可以装到有关产品上。

(2) 当使用者/安装者使用的是所在国适航当局的条例，而不是本表第1项中所指国家适航当局的条例时，使用者/安装者必须保证所在国的适航当局能接受所指国家适航当局批准出口的零件/组件/部件。

(3) 表中第14项、第15项的陈述，并不说明本表是安装批准。在所有情况下，航空器使用前，航空器使用者/安装者应把按本国适航条例颁发的安装批准放入维修记录中。

(1) It is important to understand that the existence of this document alone does not automatically constitute authority to install the part/component/assembly.

(2) Where the user/installer works in accordance with the national regulations of an Airworthiness Authority different than the Airworthiness Authority of the country specified in block 1 it is essential that the user/installer ensures that his/her Airworthiness Authority accepts parts/components/assemblies from the Airworthiness Authority of the country specified in block 1.

(3) Statements 14 and 15 do not constitute installation certification. In all cases the aircraft maintenance record must contain an installation certification issued in accordance with the national regulation by the user/installer before the aircraft may be flown.

图 3.2　批准放行证书/适航批准标签

1 国家 Country	2 中国民用航空总局 CAAC□ 符合性 Confomity □适航性 Airworthiness **批准放行证书/适航批准标签** **AUTHORIZED RELEASE CERTIFICATE /AIRWORTHINESS APPROVAL TAG**	3 证书编号 Certificate Ref No.

4 单位 Organization	5 工作单/合同单/货单 Work Order/Contract/Invoice

6 序号 Item	7 内容 Description	8 件号 Part No.	9 适用性 Eligibility*	10 数量 Qty	11 系列号/批号 Serial/Batch No.	12 产品状态 Status/Work

13 备注 Remarks

14 新产品 New Parts	15 使用过的产品 Used parts
兹声明上述产品除第 13 项的其他规定以外，已按照上述国家适航条例进行制造/检查，并且该产品（出口产品）符合经批准的型号设计资料和进口国提出的专用要求。 Certifies that the Part(s) identified above except as otherwise specified in block 13 was (were) manufactured/inspected in accordance with the airworthiness regulations of the stated country Airw/or in the case of parts to be exported with the approved design data and with the notified special requirements of the importing country.	兹声明上述产品除第 13 项的其他规定外，已按照上述国家适航条例和进口国通知的特殊要求进行了工作，该产品处于安全可用状态可以批准放行使用。 Certifies that the work specified above except as otherwise specified in block 13 was carried out in accordance with the airworthiness regulations of the stated country and the notified special requirements of the importing country and in respect to that work, the part(s) is (are) in condition for safe operation and considered ready for release to service (over).
16 批准人签名 Signature 18 批准日期 Date	
17 批准人姓名（打印的） Name (printed)	19 中国民航总局授权 Issued by or on behalf of the CAAC

AAC－038   *参阅产品目录详细查找适用性。
Cross- check eligibility for more details with parts catalogue.

（续）图 3.2　批准放行证书/适航批准标签

航空产品一般分为以下三类：

第一类航空产品是指已具有型号合格证的航空器、发动机和螺旋桨。

第二类航空产品是指其破损会危及第一类航空产品安全的主要部件和机载设备，如航空器机翼、机身、起落架、动力传动装置、操纵面等，以及具有技术标准规定的材料、零部件和机载设备。

第三类航空产品是指第一、第二类产品以外的产品，包括按局方认为适用的技术标准规定的材料、零部件和机载设备。当航空产品用于国内使用时，对航空器（飞机和旋翼机）颁发适航证，对发动机、螺旋桨颁发适航批准书，对其他航空产品颁发批准放行证书/适航批准标签。当航空产品用于出口时，对第一类航空产品颁发出口适航证，对第二、第三类航空产品颁发批准放行证书/适航批准标签。

第二、第三类航空产品的批准放行证书/适航批准标签可用于两种型式的批准，一种是适航性批准，另一种是制造符合性批准。当作为制造符合性批准时，用于检查和试验产品对提交审查批准的型号设计的制造符合性作为适航性批准。用于确定产品的制造符合性批准的设计批准放行证书/适航批准标签也可用于新翻修、重大修理改装或重造的航空产品放行批准。

3.4.4　进出口航空产品的审定与认可

中华人民共和国境内的任何单位或个人进口外国生产的任何型号的民用航空器，如果是首次进口并用于民用航空活动，出口民用航空器的单位或者个人必须向中国民用航空总局申请型号合格/认可审查；民航总局在接受申请后，按规定程序对该型号民用航空器进行型号审查；对于审查合格的，颁发准予进口的型号认可证书。

任何人欲将民用航空产品出口到中国之外的国家或地区均应向适航部门申请航空产品的出口适航批准。出口适航批准的形式有两类：一类是出口适航证，一类是出口适航批准标签和放行证书。出口航空产品的出口人应是航空产品的制造人或拥有人。出口航空产品包括全新航空产品和使用过的航空产品。获得出口适航批准的航空产品的制造人必须得到适航部门颁发的生产批准证书。批准方式有生产许可证、经批准的生产检验系统、技术标准规定项目批准书、零部件制造人批准书及经批准的主要零部件供应厂商。

3.5　合格证件的完整性保持

适航部门对民用航空产品颁发型号合格证（补充型号合格证、型号合格证更改）、生产许可证、批准的生产检验系统、技术标准规定项目批准书、零部件制造人批准书、适航证及适航批准书等合格证件后，仍对这些合格证件的完整性负责。保持合格证件的完整性包括对持证人及航空产品的持续性监督，委任各类适航代表并监督他们正确地行使职权，颁发适航指令对航空产品不适航状态予以改正，调查航空产品的使用困难及执行航空器事故调查等。

3.5.1 持续性监督检查

适航部门为了保证合格证件的完整性，指派主管项目工程师负责对持证人工程、设计系统进行监督和检查，组织审批重大设计更改项目和重大修理和改装项目，并负责对持证人的适航部门委任工程代表进行指导和监督。主管项目工程师还负责与飞行标准部门协调有关飞行技术文件的审查和批准。同时，指派主管检查员负责对持证人生产、质量保证系统进行监督和检查，审批质量保证系统和质保手册的重大更改，监督检查持证人生产和质量保证系统的日常运转，组织并协调对持证人质量保证系统的复查及产品重大使用问题调查等。适航部门除对合格证件持有人指定主管项目工程师和主管检查员外，还在持证人所在单位委任工程委任代表和生产检验委任代表。

当适航部门对合格证件持有人的监督检查中发现有不符合性问题时，持证人应立即采取纠正措施。当适航部门发现持证人没能有效地保持设计、工程、生产、质量控制系统时，且没有建立有效的自我审核系统时，将对持证人采取强制措施和处罚措施。

3.5.2 适航指令

适航指令是民航总局授权适航部门对民用航空产品颁发的强制性检查要求、改正措施或使用限制，其内容涉及飞行安全，如不按规定完成、有关航空器将不再适航。

当民用航空产品处于下述情况之一时，适航部门将颁发适航指令：

(1)某一民用航空产品存在不安全的状态，并且这种状态很可能存在或发生于同型号设计的其他民用航空产品之中。

(2)当发现民用航空产品没有按照该产品型号合格证批准的设计标准生产时。

(3)当外国适航当局颁发的适航指令涉及在中国登记注册的民用航空产品时。

民用航空产品在未满足所有有关适航指令的要求之前任何人不得使用。民用航空产品的设计和制造单位以及使用和维修单位应保证适用的适航指令在规定的时间内正确执行。对适航指令所规定的要求必须在期限内完成，若因未按时执行或完成适航指令而发生影响飞行安全的事故，由适航指令所涉及的民用航空产品的设计、制造、使用或维修单位负责。

当执行或完成某一适航指令时，遇有特殊情况需要延长执行该适航指令时，航空产品的所有人或使用人应提前向适航部门书面申请，适航部门将根据实际情况及等效安全措施予以延长批准。

3.5.3 使用困难报告和调查

使用困难报告来源于已交付使用的航空器和发动机、螺旋桨及零部件使用中存在的问题，以及国外适航当局对航空产品提出的使用困难和维修方面的要求和意见，以及按《民用航空产品和零件合格审定的规定》(CCAR－21)的有关要求，由航空产品的所有人、使用人和制造人所报告的产品故障、失效和缺陷等。适航部门主管检查员和主管项目工程师负责调查航空产品使用困难报告的纠正措施。

3.5.4 事故调查

适航部门的检查员参与航空器的事故调查，调查航空产品设计、制造、使用和维修中存在的问题。事故调查工作包括现场调查和资料评审。适航部门积极支持航空安全部门对航空器的事故调查工作，并协助外国民航当局或其他部门对中国生产的航空器的事故调查工作。

第四章　航空器持续适航管理

4.1　持续适航管理的意义和目的

4.1.1　持续适航管理的依据

《国际民用航空公约》是国际民航组织会员国所达成的协议，它包括18个附件，其中附件6《航空器的运行》中阐述了航空器运行、性能、通信与导航设备、维修、飞行文件、飞行人员职责以及航空器的安全保卫等方面的一般规则和要求。

依照《国际民用航空公约》，为履行国家适航当局的职责，国家民用航空主管部门需要建立自己的民用航空器适航管理机构，制定基本法规并付之实施。

1987年5月4日，我国发布的《中华人民共和国民用航空器适航管理条例》是一部极为重要的行政法规，它的发布和实施标志着中国民用航空走上了国际先进的、科学的民用航空器适航管理轨道。

适航管理规章是适航管理工作的法律依据，在持续适航管理工作中，必须具有相应的规章，才能够逐步建立、健全和完善这样的管理工作。目前，在持续适航管理领域内，我国已颁布生效了《民用航空器维修许可审定的规定》(CCAR-145)和《民用航空器维修人员合格审定的规定》(CCAR-65)等多部规章。因此，上述的规章是持续适航管理工作的基本准则。

4.1.2　持续适航管理的目的

适航管理工作的宗旨是保障民用航空安全，维护公众利益，促进民用航空事业的发展，这是《中华人民共和国民用航空器适航管理条例》中明确规定的。持续适航管理也是在这一宗旨下进行的。尽管在工作过程中遇到的不同情况、不同问题需要采取多种形式的管理方法，但在这一宗旨指引下，通过行之有效的规章要求予以控制，通过各航空运输、维修企业内部的自身管理机制的完善和有效运转，以达到保障民用航空安全、维护公众利益、促进民用航空事业发展的目的。

4.1.3　持续适航管理的现状

我国的持续适航管理是在改革开放的形势下，根据我国航空运输体制的具体情况，逐步开展起来的。

1984 年 1 月开始施行的《中国民用航空机务工程条例》中的第四章《维修管理规则》中，首次提出了对维修单位许可证和维修人员的执照要求。可以说，这是持续适航管理概念的最初引入。

1985 年，中国民航局又制定了《中国民用航空条例——适航管理暂行规则》，于 1986 年 10 月 1 日生效，成为进一步开展适航管理的依据。

在此期间，持续适航管理工作也开始实施，如对维修人员实行执照制度，编写了《民用航空器维修人员指南》，促进了维修人员素质的提高，举办了多次培训和执照考试，并颁发了维修人员执照。1985 年 5 月在天津中国民用航空学院举办的第一期维修人员执照培训班，首批 30 名学员顺利结业并取得了维修人员执照(基础部分)，拉开了民航局统一考核、颁发执照工作的序幕。对维修单位的适航性管理，是以颁发维修许可证的形式开始的。早在 1986 年 6 月，我国就开始对新加坡、日本、澳大利亚等国的十几家航空公司或维修单位进行了维修许可审查，颁发了维修许可证。这一时期，一方面是学习外国适航当局维修许可审定的要求和方法，另一方面也是探讨如何结合我国的实际情况，搞好我国的维修许可审定工作。《中华人民共和国民用航空器适航管理条例》颁发后，正式对国内维修单位的审查工作就开始了。对维修单位的维修许可审查工作，打破了维修单位以往“自修自检”的旧模式，走上了正规的法制轨道，即必须经过审查合格才允许进行有关项目的维修工作。申请“维修许可证”的单位，必须按规定编制维修单位手册，使之确保其维修质量，满足持续适航要求的全部维修活动规范于“手册”之中，以达到从人治到法治的转变，这些都是持续适航管理方面的基础建设.

从 1987 年国务院颁布《中华人民共和国民用航空器适航管理条例》至今，在持续适航管理方面我国已有了长足的发展，管理机构已基本建成，规章和程序日益完善。

到目前为止，经民航总局适航部门审查向国内维修单位已颁发维修许可证 200 份，其中包括 71 份航线维修许可证，向国外、地区维修单位已颁发近 200 份维修许可证。持有维修人员执照的维修人员已达 8 000 人左右。

4.1.4 持续适航管理的意义

持续适航管理是一个国际上通用的管理模式，它对民用航空器在投入营运后，保障飞行安全、促进民用航空事业的发展起到了促进的作用。我国实施持续适航方面的管理，有助于我们在国际民航组织中参与各项活动和发挥作用，通过履行《国际民用航空公约》的义务，与国际上的先进管理方法接轨，与我国的改革开放政策相吻合，并且也有利于民航事业改革开放和发展。

持续适航管理完全是一种政府职能的管理，通过这种管理，有利于我们在民航领域增强政府的监督职能，提高和完善我们的管理水平，为进一步提高和保证飞行安全水平起到促进作用。

通过实施持续适航管理，使各航空器使用人与维修单位有法可依、依法办事，并鼓励他们之间的相互竞争与发展。持续适航管理对提高民航事业的整体安全水平和经济利益是起推动作用的，它有利于进一步提高我国各航空企业的管理水平、技术进步和在国际上的竞争能力，对我国民航事业的发展和进步起到了积极的作用。

4.2 持续适航管理工作涉及的部门及其责任

一架航空器的基本质量固然取决于它的初始设计和制造，但在整个营运使用过程中，这种基本的质量必须依照各种维修规则及标准使之得到保持和改进。保持民用航空器的持续适航性是适航当局、航空器设计和制造部门以及航空公司(航空器使用和维修部门)的共同责任。一致的目的，共同的责任，把适航当局、研制部门和使用维修部门紧密地结合在一起。

4.2.1 航空器适航部门

航空器适航部门在持续适航工作中的主要责任是对航空器在使用过程中所涉及的适航性进行评估。因此，围绕为保证航空器适航这一主题而派生的维修单位资格、维修人员资格、航空器的技术状态等一系列的管理工作便应运而生了。航空器适航部门持续适航管理的主要工作可归纳为以下几个方面：

(1)签发(签署)适航证；

(2)对维修大纲、可靠性大纲、维修方案和可靠性方案的评估；

(3)颁发适航指令；

(4)对重大修理、改装工作的批准；

(5)对航空器进行年检和不定期的抽查；

(6)对维修单位进行许可审定；

(7)颁发维修人员执照、检验人员执照；

(8)实施信息收集、整理和评估；

(9)参与对重大故障和飞行事故的调查；

(10)批准、颁发委任代表证；

(11)按规定实施对持证人的监督和处罚措施。

4.2.2　航空器设计和制造部门

对于航空器设计和制造部门，其主要责任是主动、及时地收集航空器使用中产生的重大故障问题，提出纠正措施，编发技术服务通告，以保证航空器的持续适航性。

这里所谈到的航空器设计和制造部门，是指型号合格证(TC)、生产许可证(PC)、技术标准规定项目批准书(TSOA)和零部件制造人批准书(PMA)的持有人。

4.2.3　航空器使用和维修部门

航空器的使用和维修部门是指航空器使用人和维修单位，它们构成持续适航管理的基础。

航空器的使用和维修部门承担着保持航空器持续适航性的根本责任，是保障航空安全的主要因素。因此，为保证航空器的适航性，航空器的使用和维修部门必须具有以下三方面的职能：

(1)完备的维修设施、设备和器材；

(2)合格的维修人员和维修管理人员；

(3)完整的并良好运转的维修工作程序。

实际上，适航部门、航空器设计和制造部门以及航空器使用和维修部门之间，各自的职责是兼容的，不存在两个极端的状况。如何正确地摆好这三者之间的关系，认识三者之间的规律，采取有效的管理方法，主动地实施管理呢？一个重要的因素是，三者之间每一方都与航空器相关。可以说，航空器是三者之间的媒介，只有抓住航空器适航性这一关键，才能进行实时的监督和持续适航的管理。

4.3 持续适航管理工作三要素

持续适航管理有三个要素，即维修机构、维修人员和航空器。三要素都应达到规定的要求或标准，才能保证航空器的持续适航。

4.3.1 维修单位的合格审定

维修单位，不论是国内的还是国外的，只要承修在中国注册的民用航空产品，均要符合中国《民用航空器维修许可审定的规定》(CCAR－145)的要求，并获得维修许可证。维修单位必须有一本经适航部门批准的手册，手册是本单位的法规性文件，是构成维修许可批准的一部分。合格的维修单位应建立质量控制、工程技术和生产管理三个系统，质量控制系统必须具有质量否决权。除上述要求外，合格的维修单位必须具备承修项目所需的厂房设施、工具设备、合格人员、技术文件和器材。因此可以说，只有满足 CCAR－145 的规定，才可能取得维修许可证。

4.3.2 维修人员的资格评审

维修人员的业务素质是保证维修工作质量的关键因素。为提高维修人员素质，《民用航空器维修人员合格审定的规定》(CCAR－65)中规定了维修和检验人员执照的考试、颁发和管理要求，CCAR－145 中明确规定了须持有人员执照的人员范围及工作职责，CCAR－183 中规定了委任主考代表的资格和职权范围。这些规章要求构成了对维修人员资格评审的法律依据。

4.3.3 航空器适航性的监督

对航空器适航性的监督，重点在以下方面：

(1)维修大纲。各机型的维修大纲必须经民航总局批准或认可，维修方案(包括补充结构检查和防腐方案)和工作单(卡)必须符合维修大纲的要求。

(2)适航指令和重要的服务通告。

(3)时控件。应有程序控制，防止超期使用。

(4)保留故障或保留工作项目。必须严格按 MEL 放行飞机，应有控制程序把保留故障和保留工作项目控制住。

(5)替换件。使用的任何替换件必须经过审查批准。

(6)重大故障和重复故障。必须有可靠性方案来加以分析和控制。

(7)维修记录。必须按规定记录、保存。

(8)重大修理和改装。须经适航部门批准。

(9)航空器的年检及建立单机档案。

(10)建立信息网络,进行实时控制。

4.4　持续适航管理对维修单位的要求

4.4.1　对民用航空器维修单位审查与监督的目的

对民用航空器维修单位的审查与监督,是航空器持续适航管理方面的一个重要工作。按照《国际民用航空公约》和各个国家制定的航空法规,无论是民用航空器的维修单位,还是民用航空器的适航管理部门,其所承担的职责都是为了保证民用航空器维修的完善程度,以及通过适当的标准和程序控制航空器的维修质量和适航性达到确保航空安全的目的。

4.4.2　对民用航空器维修单位审定工作程序

中国民用航空规章第145部《民用航空器维修许可审定的规定》中明确规定,凡承担在中华人民共和国注册登记的民用航空器及其部件、机载设备维修的单位,必须办理维修许可证的申请手续,经适航部门受理申请、审查和颁证后,才成为合法的符合要求的民用航空器维修单位。

对一个维修单位进行审查的必要条件为该维修单位确有诚意并已正式向适航部门提交了申请书及有关资料;适航部门确认该维修单位的申请符合申请程序,可以被接受并通知其已被受理。

对维修单位的审查是依照CCAR－145及相应的审定工作程序对维修单位的具体要求而进行的符合性检查,审查的目的是确定颁证的意图或某一维修单位维修许可证的持续有效,等等。

对一个维修单位进行的维修许可审定工作,在工作程序上可以分为5个阶段。

1. 申请阶段

在此阶段,从申请人有申请意向到正式填报申请书及提交相应资料(参照AC－145－02《维修许可证申请指南》),适航部门须完成以下几方面的工作:

(1)当申请人有申请意向时，了解申请人的申请意图，欲申请的维修项目及是否具有航空产品的修理经验等情况。

(2)指导申请人以正式的申请程序向适航部门提出申请：

1)向申请人介绍有关的适航规章及适航管理程序和咨询通告；

2)介绍如何编写维修单位手册；

3)提供空白申请书和申请所需填写的各种表格，并解释填写方法和要求(参照 AC－145－02)；

4)解答申请人提出的有关申请的其他问题。

(3)接受申请人提交的正式申请书和有关资料。

2. 受理阶段

在受理阶段，适航部门应完成以下方面的工作：

(1)审核申请人是否按适航部门的规定，提交了足够的资料(参照 AC－145－U2)。

(2)对申请人提交的申请书等资料进行审核：

1)单位名称和通信地址的完整性、准确性；

2)申请类别是否正确；

3)申请项目与所呈交的能力表等资料是否吻合、是否明确。

(3)对外国、中国大陆以外地区申请人还要求有中国用户的送修意向书。

(4)视情况对申请人进行预审，预审的目的在于确认申请人的维修能力。预审时，可以全面或有侧重地对申请人进行初步审核，但不应少于以下内容：

1)质量保证系统的工作状况、职能及职责能否满足 CCAR－145 的要求；

2)厂房设施、设备及工夹具等能否满足申请项目需要；

3)各种技术资料、工程文件的管理及处理程序是否符合 CCAR－145 的要求；

4)人员资格是否满足 CCAR－145 的要求。

(5)将受理情况结论书面通知申请人，若发现申请资料中有缺陷，应及时向申请人提出，并要求其补充或修改原提交的申请资料。

(6)收取审查费。

3. 审查阶段

在此阶段，适航部门应依据《维修单位审查大纲》中的要求，对维修单位的各有关职能系统进行评审，这些职能系统包括：

(1)维修单位手册(在现场审查前进行)；

(2)质量保证系统；

(3)技术资料控制；

(4)维修过程控制；

(5)特种工艺及无损探伤；

(6)人员及培训；

(7)维修设施、设备；

(8)工量具控制；

(9)库房管理及零备件控制。

适航部门在进行现场审查前，首先应完成对申请人维修单位手册的审核和批准工作；对手册的审核工作可参照 AC－145－OS 来完成。

在进行现场审查前，适航部门组成审查组，审查组成员由适航检查员组成，必要时，可聘请有关专家参加。对聘请的专家应有如下资格要求：

(1)熟悉与维修许可审定工作有关的规章程序的标准和要求；

(2)熟悉审查工作程序和工作纪律；

(3)熟悉维修活动中的各生产工序、主要参数及其控制方法；等等。

实施审查工作的适航检查员在审查前应做好充分的准备工作，包括以下几个方面：

(1)确认申请人呈交的维修单位手册已被审阅并得到批准；

(2)明确审查时所需用的规章、程序标准及要求，以及所要使用的检查单、表格及其他资料等；

(3)涉及有关专业知识及技术标准的准备；

(4)对申请人过去维修活动情况的了解；

(5)明确审查项目、内容和在审查时须注意的问题，如上次审查报告中指出存在的问题、有关的故障、事故报告及需要跟踪解决的缺陷问题等；

(6)制订一个详细的审查日程和计划，并通知申请人。

审查组在实施现场审查时，应参照《维修单位审查大纲》的标准进行审查，并重点了解：

(1)申请人所申请的项目和意图是否有所改变；

(2)申请人所制定的各项规章制度和工作程序是否如实地被执行了；

(3)新申请项目是否符合维修依据文件，再申请项目在以往的维修活动中有无出现过重大质量问题和严重的缺陷。

实施审查工作时，适航检查员应做到：

(1)尽可能地按照制定的审查日程和计划进行审查工作，但当既定计划与实际情况不符时，也要有能力灵活地变通计划；

(2)采用认为最有效的检查手段及使用有关的设备、仪器进行审查；

(3)对发现的缺陷或问题应以文字形式当场记录，必要时，应取证记录(如复印维修记录等有关文件，抽取检验样品等方式)；

(4)应采用以文字记录为依据的检查原则。

在现场检查完成后，审查组人员应对被审查单位做出讲评。讲评内容至少应包括：

(1)实行审查的时间；

(2)检查了哪些系统和部门；

(3)检查中发现的问题和存在的缺陷；

(4)对被审查单位提出的任何要求。

审查中发现的问题应以书面形式通知被审查单位，并要求被审查单位据此制定改正措施并呈交适航部门认可。这些措施应被限期执行。

审查组在全部审查工作完成后，须提交一份审查报告，并在必要时补充下述内容：

(1)检查的部门和检查内容；

(2)任何需要跟踪解决的问题或需要监督检查的问题；

(3)检查中对被审查单位提出的要求；

(4)涉及其他执照持有人所做的不符合规章要求的问题和存在的缺陷；

(5)对批准或不批准颁发证件的任何建议或其他建议。

4. 颁证阶段

在此阶段，适航部门按《维修许可证填写规范》AP－145－04 的要求，填写和颁发"维修许可证"或批准信函。

如若不予颁发证件，则须给申请人以明确的书面答复，并说明原因。

5. 监督与检查阶段

这是一个长期而重要的工作阶段。在此阶段，适航部门除按 CCAR 145，AP－145－02 和 AP－145－05 程序中的要求对持证的维修单位进行监督外，还应注意以下方面的问题：

(1)审查发现的问题，维修单位的改正情况；

(2)监督检查发现的问题，持证人的改正措施及改正情况；

(3)对维修单位手册更改进行跟踪评审；

(4)对重要修理和改装作业进行监督、检查；

(5)帮助并督促持证人建立定期的自我审核制度。

监督与检查的方法可分为书面监督和现场监督两种工作方式。

书面监督检查主要是以通过各种信息的收集及适航部门进行的各种文件式调查等方式对持证人的维修质量保证系统所进行的监督。书面监督检查所使用的方式有：

(1)填报《重要修理及改装记录》；

(2)填报《缺陷和不适航性报告》；

(3)填报《维修单位年度质量报告》；

(4)适航信息报表；

(5)航空器年度检查记录。

4.4.3 制定部分军用运输机持续适航管理法规性文件

运输机部队持续适航管理需要长期的探索、实践与完善，建议分两个阶段实施：现阶段应立足于现有体制，吸纳民航持续适航管理中好的做法，从军用运输机当前的维修保障模式和民航持续适航管理的差异性对比分析入手，编修部分军用运输机持续适航管理法规性文件；远期目标是健全军用运输机持续适航管理体系，完善持续适航管理法规性文件，最终实现与民航持续适航管理接轨。

对比研究运输机部队和民航持续适航相关标准、规范等文件的内在差异(从文件种类、对航空器状态要求、作业要求等各个方面)，建立军用运输机持续适航管理法规性文件体系框架，并制定部分军用运输机持续适航管理文件。拟建立的军用运输机持续适航法规体系如图 4.1 所示。

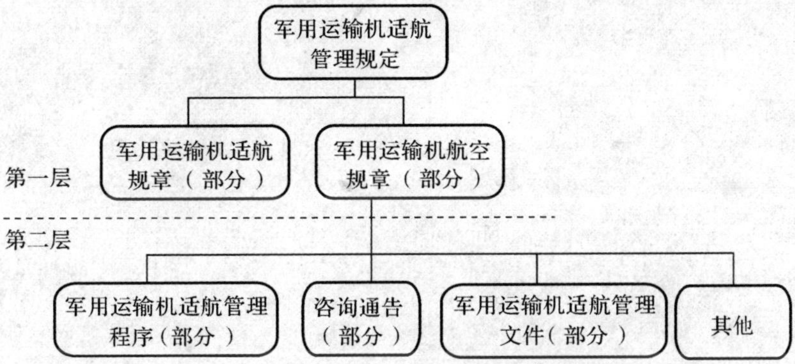

图 4.1　军用运输机持续适航法规体系

4.4.4 军用运输机维修持续适航管理工作改革方案

1. 军用运输机维修管理体制创新

目前，民用航空界将整个航空维修的业务活动分为工程和维修两大部分。工程是指维修的工程决策管理，维修是指维修的运作实施。工程管理可看成是航空维修的“设计”，主要是指维修的技术规范和标准的制定，包括维修大纲、维修方案、工作单、工程指令等各类维修手册；维修实施是指外场的放飞、场站维修等具体的维修工作。无论是美国联邦航空局，还是中国民航总局，都要求航空营运人必须建立一套完整的工程管理体系，作为保证其航空器的适航性和运行安全性的必要前提和重要手段，各航空公司均按局方要求开展工程管理。军用运输机在借鉴民航持续适航管理的基础上，将工程和维修分开，探索建立工程管理、维修作业、质量控制、人员培训四个系统的军用运输机持续适航维修管理新模式。

2. 贯彻 RCM 理念，制订军用运输机维修方案及可靠性方案

以可靠性为中心的维修(Reliability Centered Maintenance，RCM)理论认为，一切维修活动，归根结底是为了保持和恢复设备的固有可靠性，也就是根据设备及其可靠性状况，以最小的维修资源消耗，运用逻辑决断分析法来确定所需的维修内容、维修类型、维修间隔期和维修级别，制订预防性维修大纲，从而达到优化维修的目的。军用运输机贯彻 RCM 理念，将维修工作的有效性、适用性和经济性联系起来，制订科学合理的可靠性方案和维修方案，从而能够实现与民航先进管理理念的接轨。

第五章　航空器适航符合性验证方法

5.1　概　　述

为了验证对适航条款的符合性，飞机设计研制单位通常需要采用多种方法获得所需的证明资料，这些方法统称为符合性验证方法。本章主要介绍了符合性验证方法以及机载系统适航性的确认与验证，并结合适航条款中的加速-停止距离的适航审定进行了案例分析。

5.2　适航符合性验证方法

常用的适航符合性验证方法可根据实施的符合性工作的形式分为四大类（工程评审、试验、检查、设备鉴定），再具体进行细化，最终形成常用的、经实践检验的、适航部门认可的10种符合性验证方法，如表5.1所示。

表5.1　适航符合性验证方法

符合性工作	方法编码	符合性验证方法	相应的文件
工程评审	MC0	符合性声明 · 引述型号设计文件 · 公式、系数的选择 · 定义	型号设计文件 符合性记录单
	MC1	说明性文件	说明、图纸、技术文件
	MC2	分析/计算	综合性说明和验证报告
	MC3	安全性评估	安全性分析
试验	MC4	试验室试验	试验任务书
	MC5	地面试验	试验大纲
	MC6	试飞	试验报告
	MC8	模拟器试验	试验结果分析
检查	MC7	航空器检查	观察/检查报告制造符合性检查记录
设备鉴定	MC9	设备合格性	可能包括前面所有的符合性验证方法

1. 符合性声明

已经满足规章条款要求的声明，一般的形式如下：

引述型号设计文件；

方法和要素的选择；

定义（通常在符合性检查单（Check List）/符合性记录文件中直接给出）。

2. 说明性文件

完整定义或说明一个给定设计的文件，例如技术说明、工艺规范、材料规范、工程图纸、示意图、带有标记的图片、计算方法、证明方案、飞机手册、维修文件、合格审定计划、产品构型定义文件等。支持文件就是这些文件本身。

3. 分析/计算

载荷、静强度和疲劳强度、性能、统计数据分析、电器负荷分析以及与以往型号的相似性分析等分析或计算。支持文件是各种分析和计算报告。

4. 安全性评估

功能危险分析（飞机级和系统级）、初步系统安全评估、系统安全性评估（含故障模式及影响分析、故障树分析、共因分析、区域安全分析、特定风险分析、共模分析等），以及关于软件或复杂电子硬件的"合格审定计划""构型索引""完成摘要"等用于制定和验证安全目标及结果的文件。支持文件是各种安全性评估报告。

5. 试验室试验

在试验室台架/铁鸟上进行的静力和疲劳试验、耐久性试验、环境试验、功能试验等。试验可能在零部件、分组件、组件、部件、分系统、系统上进行。支持文件是试验大纲和试验报告。

6. 地面试验

在处于地面的原型机或生产飞机上对设备、分系统、系统进行的功能、环境（电磁、夜间）等方面的试验，该试验不需要驾驶员或试飞部门参与。支持文件是试验大纲和试验报告。

7. 试飞

在飞行中或地面上的原型机或生产飞机上对飞机、系统、分系统、设备进行的性能、功能、环境等方面的试验，该试验由试飞员或试飞工程师参与。支持文件是试验大纲和试验报告。

8. 模拟器试验

在飞机上进行验证，例如驾驶舱评估。

在模拟器上进行验证。对具有相当风险的危险功能或故障进行试验，例如风切变试验。支持性文件是试验大纲或试验报告。

9. 航空器检查

(1)制造符合性检查。支持性文件是飞机检查记录。

(2)对部件、设备、系统进行的安全性(隔离)、兼容性(干扰)、维修性等方面的检查。支持性文件是飞机检查记录。

10. 设备合格性

为判定设备是否满足设计需求(性能的、环境的、安全性的等)所做的鉴定,并且鉴定方法可能包括上述所有符合性验证方法。

如果项目是得到技术标准规定(TSO)批准的,则铭牌上的资料可能就足够了。

上述符合性方法及其说明供审查时参照,可根据具体型号合格审定项目的需要进行必要的注释,如申请人有更为明确、完整的符合性方法的定义和说明,亦可作为符合性验证计划的一部分,附在该计划中。

必须要指出的是,设计需求(标准)方面的确认和验证与适航符合性验证还是有所不同的,主要不同在于适航要求是不可调整的,而某些设计需求是在摸索研究过程中可根据实际需要进行调整的。因此,设计需求的确认和验证工作往往有重复性的特点。例如,根据某一初步确定的方法对设计需求进行完整性、正确性及符合性确认/验证工作后得知设计需求有误时,一般要更改需求后重新设计,然后再次确认并验证新需求的正确性、完整性及其符合性。这样一来,需求及其符合性情况可能需要经过多种验证方法并经过多次验证才能完成。而适航符合性验证往往是设计需求及其符合性验证工作之后向局方的证明活动,因此一般情况下不用重复。

5.3　机载系统适航性确认与验证

现代航空电子学的发展带来了越来越多的高度综合和复杂系统的出现。在这些系统的设计和评审过程中,如果不进行全面有效的“确认”和“验证”工作,因为这类系统的复杂性和高度综合性等特征使得仅用最终产品的试验不能对设计进行充分的确认和验证,所以很难判定产品设计是否满足需求。

统计表明,系统设计过程中因不进行“确认和验证”活动所产生的“成本”损失如下:

1 架长航程飞机 1 天将损失 300 000 美元的收入;

发现问题后更新飞机所需成本相当于 2 架飞机的销售价格;

经验表明，如果设计期间纠正 1 个缺陷所需成本为 1，则飞行试验期间纠正 1 个缺陷所需成本为 10，而投入使用后纠正 1 个缺陷所需成本为 100。

确认和验证的成本高（专门的人力资源、具体的试验方法），但不进行确认和验证的成本可能会更高。确认和验证可使研发的产品及其过程变得更好、更快、更便宜。

5.3.1 定义

确认（Validation）：对系统或产品的相关需求（要求）或设计假设的正确性和完整性进行确定的过程。

验证（Verification）：对系统或产品满足有关需求（要求）进行的评估过程。

假设（Assumption）：没有经过证明的声明、原则和/或预述。

5.3.2 概述

现代飞机机载系统的设计往往采用被称为“系统工程”的综合性设计方法。如图 5.1 所示是系统工程的一些要素，以及确认活动与其他活动之间的关系。

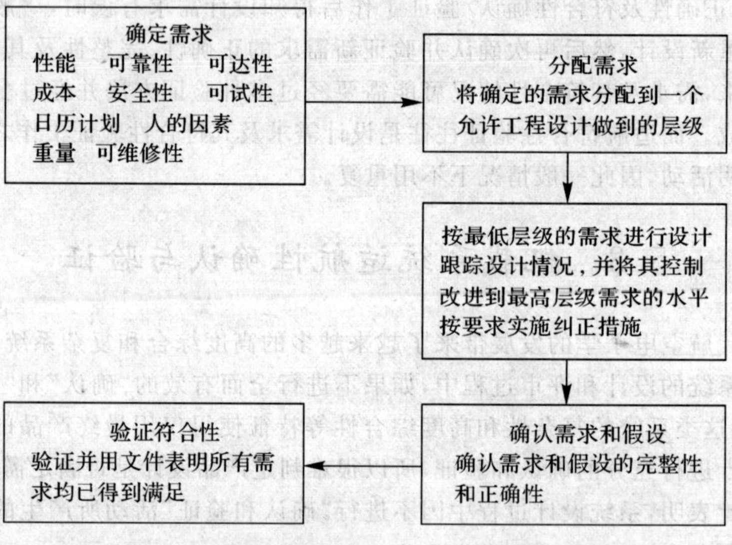

图 5.1 适航性确认活动与其他活动之间的关系

飞机设计初期，提出设计需求并做某些设计假设是必需的。然而，待设计工作进行到一定阶段，必须对这些需求和假设进行确认。只有在设计需求和假设被确认为完整和正确的之后，才可进行设计是否满足需求的验证工作。

对需求和假设的确认是一个系统化过程，其目的是确保给出的需求和假设具有足够的正确性和完整性。正确的需求说明意味着其特征明确、无误；完整的需求说明意味着其特征没有遗漏。

系统需求的错误可能主要来自三个原因：不明确的说明、不正确的说明、不完整的说明。应该在定义了需求的每个层级对需求或设计假设(如果适用)进行确认，例如某 FHA 的结论。通常，上一层级需求和假设的确认是以下一层级确认结果为基础的。

5.3.3　目标

1. 评估完整性

当评估各层级需求的完整性时，应提出如下问题：

(1)是否追踪到需求的确定来源？

· 预期的功能(飞机级、系统级)；
· FHA 中的功能、危险和故障条件类别；
· PSSA 的故障条件；
· 推导出的需求(设计决定或假设)；
· 适用的规章标准及其指南；
· 确定的飞行程序或维修程序。

(2)是否适当地定义、验证和强调了强制限制和假设？

· 市场考虑；
· 安全性考虑(例如 FHA，FMEAS，PSSAS)；
· 环境强制限制；
· 工业和公司标准。

(3)是否充分地规定了系统实施？

· 完全分配了所有飞机和系统的功能；
· 定义了所有接口(内部的、物理的、功能的、人机的)；
· 定义了系统构架，并将需求分配给了硬件和软件。

(4)是否明确说明了禁止行为？

2. 评估正确性

当评估各层级需求的正确性时，应提出如下问题：

(1)是否正确地说明了所有需求?

·需求什么?(与“应该如何设计”不同)

·明确的说明;

·导致正确设计的说明;

·可实施的和可验证的适合于系统研制水平的严格等级;

·对所有要求环境条件的说明;

·对正常的和降低的模式的说明;

·推导出的需求是正确且得到分析支持的;

·可确认出每个需求的来源。

(2)假设是否正确?

·假设对需求重要吗?或者假设是需求固有的吗?

·用文件表明假设了吗?

·追踪假设了吗?

·确认了FHA故障条件类别假设。

(3)需求是否正确反应了安全性分析?

·正确完成了适当的安全分析;

·正确确认了所有系统危险,并将其正确分类;

·不安全的设计或设计错误的影响;

·可靠性、有效性和故障容差需求。

3.注意事项

假设分为下列几类,确认时应予以注意:

(1)运行/环境,其与空中交通、维修、货运、人员、飞行动力学、空中交通管制系统、飞机或发动机性能、运行程序、乘客、营运人和有关政府机构的政策和目标,例如暴露时间、交通密度、维修间隔时间、性能限制。

(2)设计,机组接口假设、系统接口假设、可靠性假设(例如全寿命周期内适当的故障率模型、签派不工作设备的考虑、适当的计划维修任务及其频率、适当的零件降级、潜在故障的潜伏和暴露时间考虑、故障分析完整性考虑、使用中考验零件的可用性)。

(3)制造(或可生产性),检验满足公司标准的假设、生产试验假设(例如确保适用性的工厂试验容差、不降低安全性的试验容差)。

(4)可用性,假设提供的服务和修理不会降低安全性。

(5)安装,分离、隔离、电缆弯曲、导线尺寸、环境、设备电源连接。

5.3.4　过程

1.确认和验证活动

确认和验证活动分为飞机、系统和设备三个层级，如图 5.2 所示。

(1)需求确认过程：为确保需求足够的正确和完整而进行的活动。

需要确认的需求既包括从重要规章差别到采购技术规范(详细规范)的每个层级规范，也包括所做的假设(飞机操纵品质、故障概率、适当的运行程序和维修程序)。

需求应该是不需解释的，精确的，可清晰理解的，不是一个解决方案(表示需要，而不是回答需要)可验证的(例如产品不应产生任何可听见的噪声)。

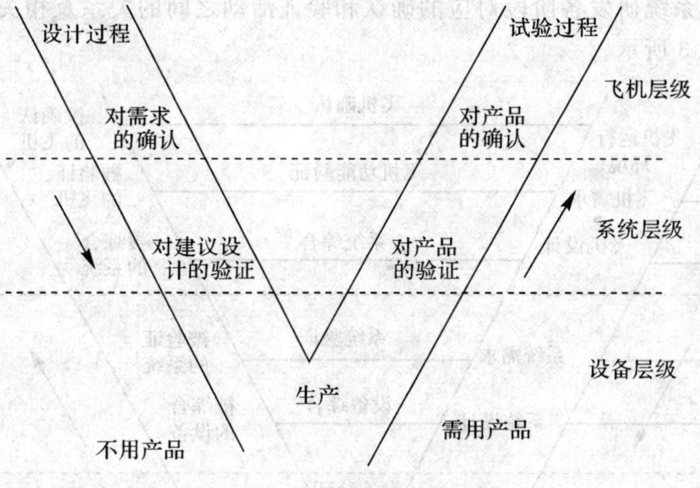

图 5.2　确认和验证活动过程

(2)设计的验证过程：为确定建议的设计满足需求而进行的评估活动。

确保设计最优化，并确保设计考虑了所有需求。

通常系统说明文件(SDD)说明了设计，故应该审查 SDD。

(3)产品的验证过程：为确定产品执行的功能满足设计要求而进行的评估活动。

例如，“硬件的合格鉴定”是供应商验证活动的一部分，是对产品经受采购技术规范中规定的环境要求所进行的验证。

(4)产品的确认过程：为确定最终产品满足使用者的需求而进行的评估活动。

通常，对产品的评估主要是由飞行试验进行的。

我们应特别注意隐式需求，通常：①由研制前的会议和任务分配等过程，及早发现隐式需求；②在投入使用前，或经试飞、航路验证、早期远航程飞行、飞行评估等活动使机队扩展之前，及早发现隐式需求。

2. 参照文件

一般的参照文件包括以下内容：

(1)SAE ARP 4754：高度综合或复杂系统的合格审定考虑；

(2)关于确认和验证的对设计师的要求和指南；

(3)供应商的设备设计通用要求中关于“确认和验证”部分；

(4)对供应商的通用要求。

机载系统研发各阶段对应的确认和验证活动之间的关系及相关的参照文件如图 5.3 所示。

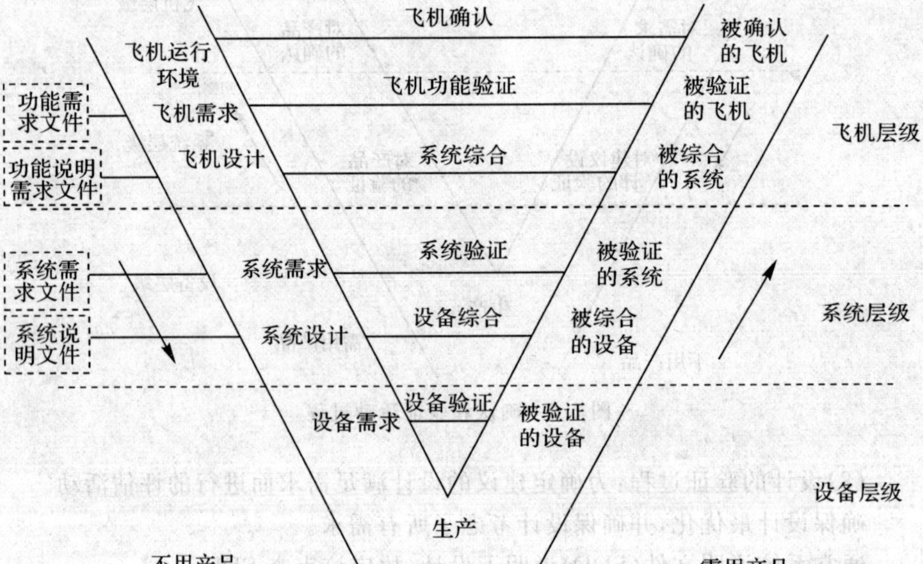

图 5.3 机载系统研发各阶段对应的确认和验证活动之间的关系

5.3.5 手段/工具

1. 供应商的确认和验证手段——合格鉴定

供应商应该对其提供的产品是否符合规范(采购技术规范)进行验证，例如：

(1)功能和性能需求；

(2)机械零件的静、动态强度；

(3)给定的环境(DD－160/ABD100)；

(4)如果他是销售供应商，各设备的整体综合；

(5)证明安全性分析(例如FMEA)。

合格鉴定的目的是验证产品是否符合其环境需求(温度、振动、电磁敏感度、闪电防护等)。合格鉴定结果通常在“设计和性能说明(DDP)”中作摘要性说明，详细说明则在合格鉴定试验大纲(QTP)/合格鉴定试验报告(QTR)中说明。

DDP是供应商关于其产品符合给定定义(根据给定规范)的说明。DDP中应给出与飞机制造商批准规范的偏离。

通常，供应商合格鉴定试验包括下面两种试验：

(1)高加速寿命试验。这是超过极限的试验，目的是找出设计缺陷，然后对其进行纠正。

(2)高加速应力筛选试验。交付前在每项设备上进行这个试验。在部件上施加应力(振动和温度)，以找出连续生产的缺陷。

2. 飞机制造商的确认和验证手段

飞机设计部门在确认和验证过程中使用的最简单的方法是审查、阅读、规范指导和分析(例如监控门限值的证明、刹车性能、耗电量等)。而更为经得起考验的方法往往是系统安全性评估(SSA)、人为因素验证以及试验。

(1)系统安全性评估包括：

1)将故障条件与安全性需求挂钩，例如，一个升降舵操纵功能丧失的概率应该小于10^{-5}/飞行小时；

2)对这些安全性需求的确认，例如，概率为10^{-5}/飞行小时的故障条件对飞机造成的后果不会大于“主要的”；

3)根据飞行试验、试验室试验、报告或工程证明，用文件说明该确认情况；

4)对设计满足安全性需求的确认，应由使用FMEA/FMES结果的故障树分析进行验证。

(2)对人的因素的验证。越来越多合格审定项目强制要求研发过程要考虑人的错误。应在如下的设计阶段/过程中考虑人的因素：

1)研发的早期阶段(与驾驶员自由讨论，研发设计使用的人的因素工具)；

2)驾驶舱接口定义阶段(在飞机模拟器和飞行试验飞机上确认)；

3)在安全性分析阶段(SSA中考虑人的错误影响)；

4)对所有程序进行审查期间,确认各故障条件的安全性类别是恰当的。

(3)试验。可能在下列条件下进行试验:在全部或局部模拟的环境中(台式模拟器、研发模拟器、综合模拟器等),或在真实的飞机上。

设计者以书面形式提出下列试验请求:

1)在试验室进行试验(或更经常的是在模拟器上进行试验)的《试验室试验请求书》;

2)在研发的飞机(或如果必要,在系列飞机)上进行地面或飞行试验的《飞行试验请求书》;

3)在装配线的系列飞机上进行地面试验的《地面试验请求书》。

3. 确认和验证工具

确认和验证过程使用的工具如图 5.4 所示(举例说明)。

(1)模拟器:

1)飞机层级:空气动力,操纵品质,发动机,质量和重心,载荷,铰链力矩模型;

2)系统层级:飞行控制,燃油,液压,电源等;

3)环境:大气、风和紊流,视觉反馈,声音反馈,座舱活动。

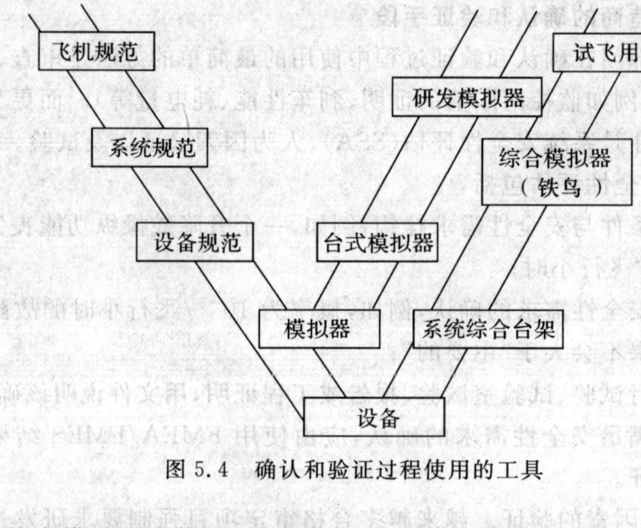

图 5.4 确认和验证过程使用的工具

一个特定模拟器由若干硬件部件和若干模型构成,如图 5.5 所示。

通常在确认和验证过程中,有如下 4 类模拟器:

i)台式模拟器。台式模拟器是在办公室内模拟带有模拟系统运行环境的一个系统或多重系统(构架、工作逻辑、性能表现等)的手段。该模拟器可以实时模拟，也可以不实时模拟，并且不需要一个真实的飞机模型。台式模拟器既可用于较为复杂手段(例如综合模拟器、铁鸟或飞机)之前的预先确认，也可用于设计阶段的局部确认，以帮助设计者寻找各种解决方案。

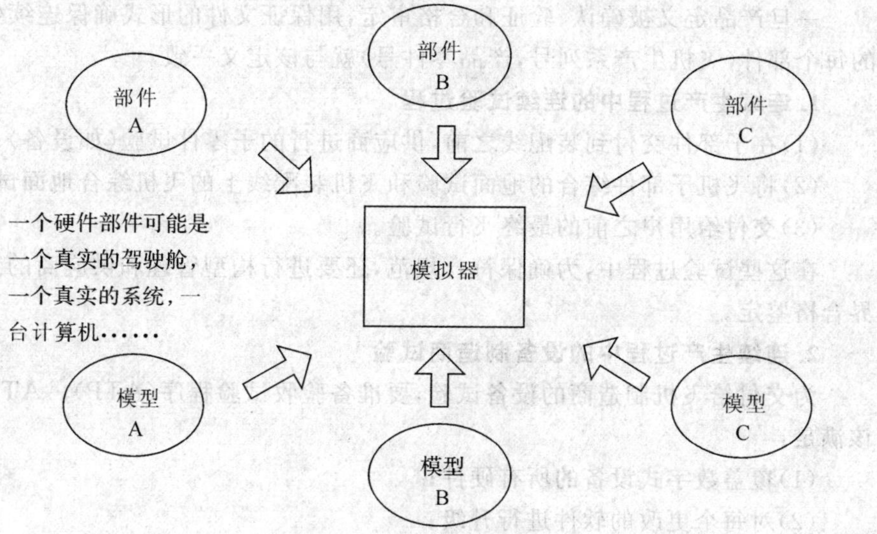

图 5.5　模拟器组成示意图

ii)研发模拟器。研发模拟器是对需求和系统规范进行确认的手段，并且该模拟器模拟的环境具有充分的代表性。该模拟器是为运行评估(驾驶员评估)而制作，以对驾驶舱协调性、人机接口、操纵品质或系统功能等进行模拟评估。该模拟器由装备有显示器和操纵装置的驾驶舱构成。

iii)系统综合台架/局部台架。用真实项目组装成一个系统的手段。该模拟要求一个完整的系统环境，其目的是对系统需求进行确认，并对系统功能进行验证。

iv)综合模拟器。将一个以上的真实系统进行综合的手段，这些真实系统使用具有足够的代表性模拟零件和环境，以便进行运行评估。下面两个是综合模拟器样例图，它们均带有完整的电子部件和飞机操纵装置，并安装和连接有极为真实的硬件部件，这些部件是一架具有代表性的飞机上的真实部件，包括完整的驾驶舱及其资源(飞行操纵装置、液压系统、电气系统、气动系统)。

(2)飞机。为地面或飞行试验，或某些具体的测量(操纵面惯量、尺寸)、区域分析(SSA)，或确定首次应用技术的功能目标是否达到等确认和验证活动而准备的飞机。由该飞机进行的飞行试验有研发飞行试验、合格审定飞行试验、早期远航程飞行试验、航路验证飞行试验等。

5.3.6 连续生产/航路使用

一旦产品定义被确认、验证和合格审定,用保证文件的形式确保连续生产的每个部件(飞机生产系列号,产品零件号)就与该定义一致。

1. 连续生产过程中的连续试验过程

(1)在子部件交付到装配线之前,供应商进行的子零件试验(如设备);

(2)将飞机子部件综合的地面试验和飞机装配线上的飞机综合地面试验;

(3)交付给用户之前的最终飞行试验。

在这些试验过程中,为确保符合规范,还要进行构型管理和供应商的工业界合格鉴定。

2. 连续生产过程中的设备制造商试验

为交付给飞机制造商的设备试验,要准备验收试验程序(ATP)。ATP 应该满足:

(1)覆盖数字式设备的所有硬件;

(2)对每个更改的软件进行升级;

(3)得到飞机制造商/设计部门和质量部门的批准;

3. 连续生产过程中的飞机制造商试验

该试验用装配线上的地面试验要求(GTR)/地面试验说明 CGTI)进行描述,试验目标是对功能管线(电线)的验证。

(1)地面试验要求(GTR)由设计部门负责。该文件定义了技术要求,它还是合格审定需要的文件。

(2)地面试验说明书(GTI)由生产质量部门负责。GTI 定义了适用于 GTR 的程序。

(3)地面试验要求可能包括系统概念设计期间需要考虑的易测性要求。

4. 航路使用中的安全性试验

按下面三个层次系统地进行安全性试验:

(1)飞行前检查清单;

(2)重要飞机更改之后;

(3)任何繁重的飞机运行之后。

5. 航路使用中的更改后试验

这是为确保正确执行了更改所进行的试验。

6. 航路使用中的维修试验

这类试验主要包括如下两个方面：

(1)根据安全性分析(SSA)或维修分析(MSG－3)确定维修试验；

(2)投入使用之前，必须对航路使用中的安全性试验、更改后试验和维修试验进行确认。

5.3.7　文件

SAE ARP4754 中有关于确认/验证的介绍如下：

制定一个好的"确认/验证"顶层文件对指导系统设计者和供应商的工作是必要的。如前所述，复杂性和高度综合系统的特征导致用最终产品的试验不能对设计进行充分的确认和验证，因此制定并实施关于"确认/验证"的顶层文件，对确定产品是否满足需求至关重要。通常，飞机研发者和供应商会有下面关于"确认/验证"的顶层文件：

(1)飞机设计者对设计师的关于确认/验证的要求和指南；

(2)飞机设计者关于供应商的通用要求；

(3)供应商关于确认和验证/审查的要求和指南(有时包含在设备设计通用要求中)。

此外，一个好的系统"确认/验证"计划，在实际设计和评审过程中也是极其重要的。下面给出的××飞机制造商在某运输类飞机的 VHF 和 HF 通信系统《合格审定计划》中关于"综合/确认"部分的描述，以供参考。

综合/确认

计划中的××飞机 VHF 和 HF 通信系统"综合/确认"计划由该系统的××公司(供应商)和××公司(主机厂)的实验室综合/确认试验、波音工程地面试验、波音工程飞行试验以及局方合格审定飞行试验验证等构成。实验室试验的目的是要表明 VHF 和 HF 通信系统与飞机上的接口系统综合后，确认该系统执行的特征理想。

局方的 VHF 和 HF 通信系统合格审定飞行试验的目的是验证 VHF 和 HF 通信系统工作适当，并且没有干扰。验证将在安装有××公司××型发动机的×××-××型上进行。局方的 VHF 和 HF 通信系统合格审定飞行试验将至少验证下列功能；

音频质量；

无线电频率选择；

不干扰接收机接收；

防止对外部结构件的损坏(例如驾驶舱窗户加温元件的电弧击穿);

VHF 通信距离和覆盖范围满足 AC25－7A 的要求;

通信距离和覆盖范围满足 AG25－7A 的要求;

音频无线电通信系统电磁影响评估;

公共数据网不工作时的备用 VHF 音频通信;

数据链功能;

选择呼叫功能;

所有 TCP 功能。

5.3.8 小结

(1)针对预期问题制定需求文件,尽快启动确认和验证活动。

(2)为正确地进行设计和验证,应该很好地编写需求。

(3)在为某件事情而管理供应商的确认和验证活动之前,必须对需求进行确认。

(4)确认和验证是为产品的成熟性而使用的一种方法。

(5)应该为确认/验证工作制定一个细致、周密、合理、可操作的顶层要求或计划性文件。

5.4 适航条款验证案例研究

5.4.1 适用条款

适用的联邦航空条例(FAR)是§ 25.109 以及§ 25.101(f)飞机的形态和程序;§ 25.101(h)驾驶员采取制动措施时的时间延迟容差;§ 25.101(i)磨损的刹车装置的制动性能;§ 25.105 起飞形态以及环境和跑道状况;§ 25.107(a)(1)和(2)定义 v_1 和 v_{EF} 速度;§ 25.735 刹车;§ 25.1301 功能和安装;§ 25.1309 设备、系统及安装;§ 25.1533 附加使用限制——最大起飞重量及最小起飞距离;§ 25.1583(h)联邦航空局批准的飞机飞行手册——使用限制;§ 25.1587 联邦航空局批准的飞机飞行手册——性能资料。

5.4.2 程序

以下几条为进行加速-停止飞行试验和为确定飞机飞行手册性能数据而扩展所得数据提供了指导。

1. 加速-停止试验

以下指导适用于带和不带螺旋桨的涡轮发动机飞机。指导仅考虑干跑道的加速-停止距离飞行试验的应用情况。除非另有说明，关于扩展飞行试验数据以确定飞机飞行手册距离的指导适用于干跑道和湿跑道。

(1)为了确定万一中断起飞(在 v_1(起飞决断速度)或低于 v_1;采取使飞机停止的第一个动作)时所需的有代表性的距离，应在申请人要求的每种飞机形态条件下进行足够数量的滑跑试验。

(2) § 25.101(i)规定，加速-停止距离必须在飞机的所有机轮刹车装置均处于其容许磨损范围的完全磨损极限条件下确定，完全磨损极限定义为必须将刹车装置从飞机上拆下送去翻修前所容许的磨损量。容许的磨损量应用轴线方向的线性尺寸定义，一般是通过观测磨损探测销的伸出段来确定的。

(3) § 25.109 不接受使用反推力作为减速方法来确定干燥跑道上加速-停止距离时的性能增益。该规定既适用于喷气发动机的反推力，也适用于螺旋桨的负拉力。对于湿跑道的加速-停止距离，允许使用由反推力所得到的附加减速度的增益，只要能够表明这种反推力系统是安全、可靠的，能给出重复的结果，并且不需要额外的操纵飞机的技巧。

(4)应以一定的质量/速度组合进行加速-停止试验，这些组合将在飞机飞行手册给出起飞数据相应的整个重量和刹车能量范围内提供试验状态的均匀分布。可以在一个机场标高模拟不同机场标高的影响，对于必须被刹车装置吸收的飞机能量而言，只要所用的刹车速度是恰当的即可。在飞机飞行手册里限制的刹车装置能量值不应超过这些试验时验证的最大值或已批准的刹车装置的最大值(有关确定最大刹车能量吸收能力的试验和分析方法的进一步指导)。

(5)对试验情况而言，在加速-停止试验时使用的速度 v_1，不必与飞机飞行手册中的值精确对应，这是因为可能需要增加或减少飞机飞行手册中的 v_1 值以充分地分析能量范围和质量包线。

(6)总共至少应进行 6 次加速-停止飞行试验，除非能为具体的飞机型号得到足够的数据，以表明刹车性能随质量、动能、升力、阻力、地速、扭矩限制等的变化。否则，当表明多种空气动力形态具有相同的刹车摩擦因数时，对每种形态至少应进行两次试验。这些试验必须在坚硬的干燥跑道上进行。

(7)对于防滑装置不工作，前轮刹车装置或给定的主轮刹车装置不工作，装有自动刹车系统等情况出航能力的批准，通常应当进行如上面(2)中所述的一组完整的试验。如果验证方法“相当或者更好”，要么为了确定小的增量，要么试验时采用的方法足够保守，则较少的试验次数是可以接受的。

(8)地面或机载测试仪器应包括用于测定水平距离时间历程的设备。

(9)应确定相对于试验跑道的风速和风向，并把它们修正到与近似的平均气动力弦高度所相应的高度。

(10)应当按下面的形态进行加速-停止试验：

1)重量按需要由小到大。

2)最临界的重心位置。

3)襟翼在起飞位置。

4)轮胎压力：在滑行前及在轮胎处于冷态的条件下，调到与申请批准的起飞重量相应的最高值。

5)发动机慢车推力调到建议的上限，或者可以在数据分析时考虑最大慢车推力的影响。对最大能量刹车和易熔塞非熔化试验，不得用数据分析来代替最大地面慢车推力。

(11)发动机推力应与中断起飞的每一段一致，并且应包括考虑发动机失效或收油门时的推力衰减率(如转速减慢)。以试验验证规定的能量水平相应的速度，使用第一种可接受的制动装置开始停止程序。

(12)应确定系统的瞬态效应(例如发动机旋转减慢、刹车压力直线上升等)，并在计算飞机飞行手册的加速停止距离时正确地加以考虑。

2. 最大刹车能量试验

以下介绍与进行加速-停止试验以验证机轮刹车装置最大能量吸收能力有关的条例要求和可接受的试验方法。

(1)最大刹车能量加速-停止验证应以不小于最大起飞重量进行，并且应事先在所有发动机均工作在最大地面慢车推力情况下至少滑行 3 mile①，包括使用正常刹车进行 3 次完全停止。在最大刹车能量验证完成后，飞机不再需要验证飞机的滑行能力。

(2) § 25.735(h)要求每个主轮刹车装置应在其容许磨损量范围的完全磨损限制条件下确定其中断起飞时刹车动能能量的额定值。因此，在飞行手册性能一章中给出的受最大刹车能量限制的质量和速度，必须按飞机的每个主轮刹车装置均处于完全磨损状态进行计算。

(3) § 25.109 要求最大刹车动能加速-停止距离应在飞机的每个机轮刹车装置均处于不大于10%的剩余容许刹车磨损量条件下进行飞行试验验证。

① 1 mile=1 609.344 m。

10％的刹车磨损状态容差的目的是为了便于试验安全，并不是允许用尚未达到完全磨损状态的刹车装置来确定加速停止距离。如果试验开始时刹车装置尚未达到完全磨损状态，需要修正到表明完全磨损刹车装置停止能力的加速停止距离。

(4)出航允许的飞机最大刹车能量不应超过能保证停止后的状况是满意的那个值，或者按技术标准规定所提供的可接受的等效值(取两者中的较小者)。满意的停止后的状态定义为着火仅局限于轮胎、机轮和刹车装置，而不会发生在乘客和空勤人员撤离过程中火焰逐渐蔓延吞没飞机的其余部分。在停止后的 5 min 内应不需要使用防火设备或人工冷却。

(5)着陆不是一种可接受的验证最大中断起飞刹车能量的方法。虽然这在过去是允许的，但是使用经验已经表明，用于预测规定的滑行和加速过程中刹车装置和轮胎升温的方法不能准确地考虑滑行和加速过程中的能量增加。

3. 加速-停止时间延迟

(1)如图 5.6 所示是以上所讨论的对于符合 § 25.101(h)来说认为是可以接受的加速-停止时间延迟的图解说明。

(2) v_{EF} 是申请人选择的假定临界发动机的失效时的校正空速。§ 25.107中定义了 v_{EF} 和 v_1 之间的关系。

(3)Δt_{act1} 为演示的从发动机失效到驾驶员采取使飞机停止的第一个动作之间的时间间隔。这个时间间隔定义为从临界发动机开始失效的瞬间到驾驶员判明并对发动机失效做出反应的那一时刻。应由申请人和联邦航空局的试飞员进行足够次数的验证，以确保这一时间增量是具有代表性的并且是可重复的。

(4)Δt_{act2} 指飞行员启动的使飞机停止的第一种操作和第二种操作之间的验证时间间隔。

(5)Δt_{act3} 指飞行员启动的使飞机停止的第二种操作和第三种操作之间的验证时间间隔。

(6)Δt_{act4} 指飞行员启动的使飞机停止的第三种操作和第四种操作(以及其后任何减速装置)之间的验证时间间隔。对于飞机飞行手册数据扩展来说，应将验证的第三种操作和第四种操作(以及其后任何减速装置)启动操纵时间间隔再加上 1 s 的反应时间延迟，以考虑使用中的各种变化。如果需要给另一名空勤人员发出指令启动使飞机停止操作，则应给每个动作加上 2 s 的时间延迟。

(7)飞行员操作启动的顺序由申请人选定,但它必须像 § 25.101(f)中规定的那样,与使用中确定的操作顺序相一致。如果在试验时偶尔不能按要求的顺序担任,不需要重复进行试验;但是必须进行足够次数的试验,以确定可以接受的 Δt_{act} 值。

(8) 应分别在一台发动机不工作及所有发动机均工作的加速-停止距离中包括与 v_1 时 2 s 相当的距离增量。(虽然与 v_1 时 2 s 相当的距离增量的要求显然是按 § 25.1.09 的“干跑道”准则规定的,但它也适用于 § 25.109(6)“湿跑道”上的加速-停止距离)。这一距离增量示于如图 5.6 所示中的右侧,并在图 5.7 中用速度随距离变化的曲线形式给出。

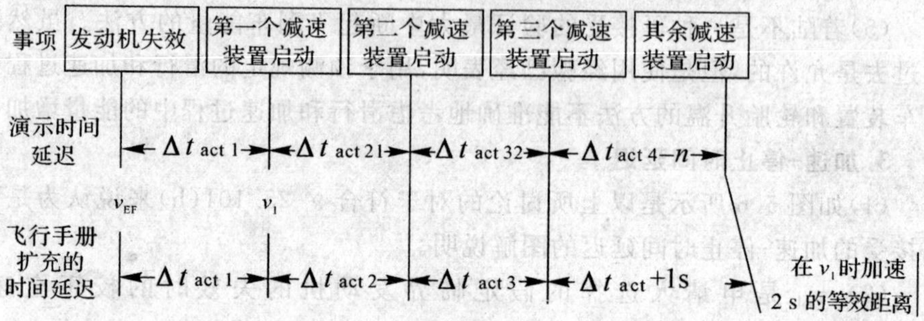

图 5.6 加速-停止时间延迟

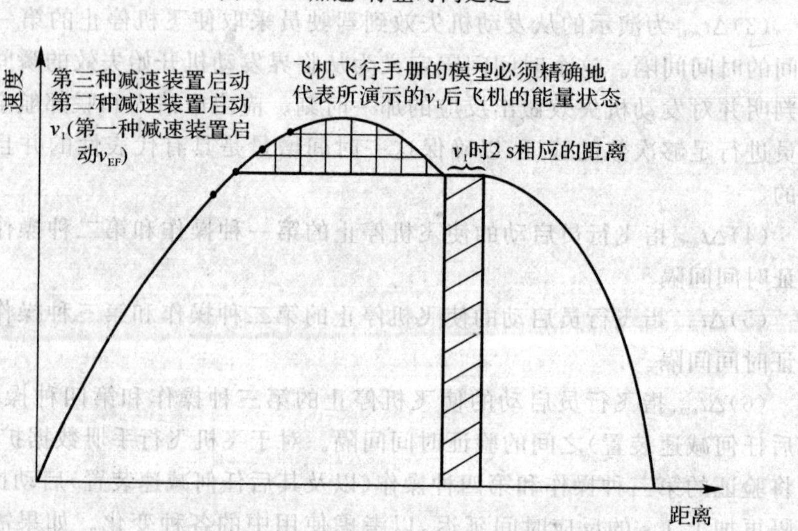

图 5.7 加速-停止距离与速度关系曲线

(9)在 v_1 之后，尽管飞机及其系统已经稳定在制动形态，但仍存在残余加速度，在扩展供飞机飞行手册用的加速-停止性能数据时必须予以精确考虑；在这段时间内，应精确考虑系统的瞬态效应，例如发动机旋转减慢、刹车压力直线上升、扰流板的启动时间等。在图 5.7 所示的速度随距离变化的关系曲线的顶部画出了这一重要区域。

第六章　航空器机载系统和设备安全性评估方法

6.1　适用范围

本章论述民用飞机适航合格审定安全性评估的指南和方法 SAE ARP 4761，主要涉及 FAR/JAR 25.1309 的要求。文件 SAE ARP 4761 给出了一套表明符合性的系统化方法，但它不仅仅给出了方法。本文件或文件的部分内容也可用于 FAR/JAR 25.1309 之外的设备。本文件介绍了飞机级的安全性评估概念，给出了评估所需的工具，并且考虑了飞机的整体使用环境。

当飞机改型或者对系统变更进行认证时，此处描述的过程通常仅用于新的设计或者更改影响之处。对于改型没有影响的设计，可以采用其他方法表明符合性，如服役经验。

6.1.1　目的

SAE ARP 4761 给出了一套为工业界所认可的安全性评估指南，包括功能危险分析（FHA）、初步系统安全性评估（PSSA）以及系统安全性评估（SSA）。

SAE ARP 4761 同时包含安全性评估所需的一些安全性分析方法的内容。这些方法包括故障树分析（FTA）、关联图（DD）、马尔可夫分析（MA）、故障模式与影响分析（FMEA）、故障模式与影响概要（FMES）以及共因分析（CCA）（CCA 又包括区域安全性分析（ZSA）、特殊风险分析（PRA）和共模分析（CMA））。

6.1.2　预期的文件使用者

SAE ARP 4761 的预期使用者包括但不限于机身制造商、系统集成（整机总装）商、设备供应商和适航当局。这些部门在进行民机及相关系统与设备的安全性评估时可以使用本文件。

6.1.3　如何应用本文档

SAE ARP 4761 所提供的指南与方法应与其他适用的指导性文件资料一起使用，如 ARP4754，RTCA/DO－178，RTCA SC－180 文档 DO－(TBD)以及与 FAR/JAR 25.1309 相关的咨询通报材料(对于发动机和螺旋桨，请参阅适用的 FAR/JAR 咨询通报材料)。本文件的目的：明确民用飞机、相关系统和设备安全性评估的典型活动、方法和文件。特定的具体活动需要安全性评估工作的执行方和认可方共同进行。

SAE ARP 4761 中提供的示例，包括文件示例，只是起指南作用，不要提高和放大任何要求。

在 SAE ARP 4761 及附录中多次提到故障树分析。读者应当明白，关联图和马尔可夫分析同样可用来达成同样的目标，这要视具体情况以及所需要的数据类型而定。

文件 ARP 1834 和 ARP 926A 也包含了关于故障/失效分析的内容，但是它们在民机安全性分析方面的作用被本文所取代，为此正在对它们进行修订。

6.2　相关文件

6.2.1　引用的文献

如果本文件与所引用的文件之间发生矛盾，以本文件为准。但是，除非获得特殊批准，本文件并不能取代可适用的法律和条例。

(1)SAE 出版物：

ARP4754　高度集成或复杂飞机系统适航合格审定考虑

(2)美国政府出版物：

MIL－HDBK－217　电子设备可靠性预测，可靠性分析中心

MIL－HDBK－338　可靠性工程手册

MIL－HDBK－978　NASA 零部件选用手册

(3)FAR 出版物：

FAR 25.1309　适航标准：运输机类飞机，联邦航空条例

AC 25.19

(4)RTCA 出版物：

RTCA/DO－178　机载系统与设备适航合格审定的软件考虑

RTCA/DO－TBD　机载电子硬件设计保证指南(RTCA 特别委员会－180)

(5)其他资料：

JAR 5.1309　大型飞机,联合适航条例

FAA AC 5.1309－1A　系统设计和分析,咨询通报

JAA AMJ 5.1309－1A　系统设计和分析,联合咨询资料

NUREG－0492　故障树手册,美国原子能委员会

RAC NPRD　非电子零件可靠性数据

RAC FMD－91　故障模式/机理分布

GIDEP　政府工业数据资料交换方案

罗马实验室　可靠性工程师工具包

6.2.2　定义[①]

适航性(Airworthness):产品(飞机、飞机的系统或部件)能够安全运行从而完成其设计功能的状态。

分析(Analysis):在将对象分解为简单元素基础上进行的评价。

批准(Approval):由适航当局对某项目做出的正式许可。

批准的(Approval):适航当局认为适合某个特定目的(ICAO)。

评估(Assessment):基于工程判断的评价。

假定(Assumption):没有证据基础的陈述、准则和/或前提。

保证(Assurance):为提供足够置信度(某个产品或过程满足要求)而进行的计划性、系统化的行动。

"风险"时间("At Risk" Time):产品必定发生特定故障的时间段,从而引起所讨论的某种失效后果。通常与导致某种特定失效状态的故障链中的最后一个故障相关。

当局(Authority):在州(国)范围内负责产品符合适用的要求的合格审定组织或个人。

适用性(Availability):在指定时刻产品处于功能状态的概率。

合格审定(Certification):对某产品、服务、组织或个人遵从可适用的要求的法定认可,包括对产品、服务、组织或个人所做的技术检查活动,以及通过颁发证书、执照、批准或其他由国家法律及规程所要求的文件对这种符合性做出

① 此处定义尽量与 ARP 4754 的定义保持一致。

的正式认可。

合格审定当局(Certification Authority)：代表制造国负责认可批准事务的代表组织或个人。

共同原因(Common Cause)：使冗余措施或独立性被绕过或变为无效的事件或故障。

共因分析(Common Cause Analysis)：区域分析、特殊风险分析和共模分析的总称。

共模失效(Common Mode Failure)：影响若干单元的事件，否则视为相互独立的事件。

复杂性(Complexity)：系统或者产品的一种使其运行难于理解的属性。系统的这种属性的增高通常是由复杂的部件、多重相互关系等因素导致。

符合性(Compliance)：对所有强制功能的成功执行，期望或者规定结果与实际结果的一致性。

零部件(Component)：系统的任何独立的部件、部件的组合、分组件或单元，在系统运行中执行一种必要的独特的功能。

一致性(Conformity)：对某个项目的物理实现与定义文件的一致性。

关键性(Criticality)：对功能、硬件、软件等的异常行为在单独考虑、合并考虑或者与外部事件综合考虑情况下得到的相关的危害级别指标。

缺陷(Defect)：产品对其特性描述中的某项要求不能执行的状态，可能会但不必须导致失效。

证明(Demonstration)：通过观测来验证效能的一种方法。

导出要求(Derived Requirements)：在研制过程中由设计或执行决策而导致的附加要求。这种要求会影响到更高级别的要求，但并不能直接上溯到高级别的要求。

设计(Design)：设计过程的结果。

设计过程(Design Process)：从一系列要求出发生成一个系统或者产品的过程。

设计保证(Development Assurancf)：为了证实设计错误已经足够可信地被查明并纠正，从而系统能够满足可适用的认证基准而采取的有计划的系统的措施。

设计错误(Development Error)：在设计要求确定或设计中产生的错误。

错误(Error)：①系统操作或维护人员的不正确行为或者决定引起的事件(JAA AMJ 25.1309)；②在规范、设计或执行过程中产生的错误。

事件(Event):由飞机以外的因素——如大气环境(突风、温度变化、结冰、雷击等)、失控状态、机舱或行李起火等——引起的事件,不包含蓄意破坏(JAA AMJ 25.1309)。

注:这里给出的定义描述的是一种"外部事件";该词也被用于其他含义(如FTA中的事件)。

功能转换(Exchanged Function):功能之间的相关性。

暴露时间(Exposure Time):产品最后一段正常运行并且仍然能够继续正常运行的时间。

失效(Failure):系统或其部件的某一功能丧失或者失常。

注:该定义与ARP 4754中的定义不同,与AC/AMJ 25.1309中的定义一致。

失效情况(Failure Condition):在考虑相关的有害操作或环境条件情况下,由于一个或者多个故障直接或最终引起或加剧的对飞机及其乘员造成某种影响的状态。

失效影响(Failure Effect,FE):对作为故障后果的系统或产品运行的描述,如某种故障模式对系统或产品的运行方式、功能或状态造成的后果。

失效模式(Failure Mode,FM):产品的失效方式。

失效率(Failure Rate):t时刻故障分布函数的梯度与可靠度分布函数之商,即$\lambda t=F'(t)/(1-F(t))$。

如果故障服从指数分布,则故障率是恒定的并且可以用一个产品总体的故障总数除以总的运行时间单位来估算。

注:故障率也可表述为每飞行小时故障数或每个循环故障数。

故障(Fault):产品或系统的一种非期望的异常。

功能危险分析(Function Hazard Assessment,FHA):通过系统、综合的功能检查来查明并依据其严重程度对故障状态进行分类。

指南(Guidelines):为了符合条例规范而推荐的工作程序。

硬件(Hardware):物理存在的对象。通常指LRU、电路板、电源等。

危险(Hazard):由失效、失常、外部事件、错误或者其组合导致的潜在的不安全状态。

执行(Implementation):由说明规范出发创造一个物理真实体的行为。

独立性(Independence):①一种确保一个产品的故障不会引起另一个产品故障的设计构思(由JAA AMJ 25.1309导出);②为保证目标评价的完成而进行的职责分离。

检验(Inspection):对照给定标准对产品进行的检查。

集成(Integration):①使产品的各个单元能够协同运作的行为;②将若干分离的功能集中到单个实现过程之中的行为。

项目(Item):个体的一个或多个硬件与(或)软件元素。

潜在失效(Latent Failure):发生时未能被探测到与(或)未能通报的故障。

功能异常(Malfunction):会使产品运行因之超越规定限度的状态的出现。

新特性(Novelty):指采用新技术或者之前没有用在所讨论的特定功能的相关方面的传统技术的系统。

产品(Product):针对一系列要求而形成的产品。

冗余(Redundancy):被组合起来完成给定功能的多条独立途径。

概率(Reliability):产品在指定条件下和指定时间内无故障地完成所要求的功能的概率。

要求(Requirement):规范说明中的可确认条目,可以验证并对照进行过程实现的检验。

风险(Risk):事件的频度(概率)及其关联的危险程度。

隔离(Segregation):通过在两个硬件零部件之间设立物理壁垒来保持其独立性。

分离(Separation):通过在两个硬件零部件之间设立物理间隔来保持其独立性。

相似性(Similarity):这个词语适用于描述与已通过认证的飞机上的系统具有相似特性和用途的系统。

软件(Software):计算机系统运行所包含的计算机程序、流程、规则以及任何相关的文件。

规范(Specification):共同构成一个系统或者产品的功能与属性的确定标准的若干要求的集合。

系统(System):用于执行某些特定功能的相互关联的产品的组合。

系统安全性评估(System Satety Assessment,SSA):为表明其是否达到相应要求而对所实现的系统进行的系统、综合的评价。

系统安全性评估过程(System Safety Assessment Process):在系统设计过程中为形成安全性目标和显示其与 FAR/JAA 25.1309 及其他安全性相关要求的相容性所推行的整个工作过程。

有效性(Validation):对产品的要求做出的充分正确和完整的判断。

验证(Verification):为判断一项过程实现是否满足适用的要求而对其做出的评价。

6.3 安全性评估过程

6.3.1 安全性评估简述

安全性评估过程包括要求的产生和与飞机研制活动相配合的验证性工作。该过程要提供一套方法来对飞机功能以及实现这些功能的系统设计进行评价从而判断是否相关的危险已经得到恰当处理。安全性评估过程可以是定性的,也可以是定量的。

安全性评估过程的实施应当有相应的计划和管理,以便提供足够的保证使得所有相关的故障状态都已被确认并且对所有会导致这些故障状态的重要的故障组合都已加以考虑。

对综合性系统的安全性评估应当考虑到任何由整合所引起的附加的复杂性和相关性。只要涉及综合性系统,安全性评估过程对于建立合理的系统安全性目标和判断设计实现是否满足这些目标都是至关重要的。

如图 6.1 所示,从顶层对安全性评估过程(功能危险分析、初步系统安全性分析和系统安全性分析)进行展示以及安全性评估方法在这个过程中所处的位置关系。研制过程本质上是反复迭代的,安全性评估过程是这个过程中必不可少的部分。安全性评估过程始于概念设计阶段并得出其安全性要求。随着设计的推进会不断有更改产生,而这些更改的设计又必须重新进行评估。这种重新评估又可能产生新的设计要求,新的设计要求又可能需要更进一步的设计更改来满足。这种安全性评估过程要持续到验证表明设计已经满足安全性要求为止。图 6.1 中上方给出了一条典型研制周期的时间线,以便体现安全性过程与研制过程之间的时序关系。为了突出这种关系,相联系的安全性过程被放进一个框里。

在飞机/系统研制周期的初始要进行一次功能危险分析,借此查明与飞机功能及功能组合相关联的故障状态并对其进行分类。对这些故障状态的分类将形成相应的安全性目标,见表 6.1。

进行 FHA 的目的是弄清楚每一种故障状态及其分类的原理。随着设计过程中飞机的功能被分配到各个系统,应当对每一个综合了多项功能的系统再进行 FHA 检查。此时的 FHA 应调整为考虑分配到该系统的单个功能或其组合。FHA 的输出将成为 PSSA 的起始点。

PSSA 是对初步拟定的系统结构进行的一次系统的检查，以便判明故障是如何引起 FHA 所确定的功能危险的。PSSA 的目标是建立系统的安全性要求并判断拟定的系统结构是否有足够的理由表明它可以满足 FHA 提出的安全性目标。

PSSA 也是一个与设计明确相关联的迭代过程。在系统研制的多个阶段都要进行包括系统、产品、硬件、软件等设计明确在内的 PSSA。PSSA 至少能确定硬件和软件的安全性相关设计要求。PSSA 通常以 FTA 的形式进行(DD 或 MA 也可以)，同时也应包括共因分析。

表 6.1　与概率目标值和安全水平相关的故障状态严重程度划分

<table>
<tr><td rowspan="2">概率值
(定量)</td><td colspan="6">每飞行小时</td></tr>
<tr><td colspan="6">1.0　　1.0E−3　　1.0E−5　　1.0E−7　　1.0E−9</td></tr>
<tr><td rowspan="2">概率
(描述性的)</td><td>FAA</td><td colspan="2">可能</td><td colspan="2">不可能</td><td>极不可能</td></tr>
<tr><td>JAA</td><td>频繁</td><td>可能</td><td>很小可能</td><td>极小可能</td><td>极不可能</td></tr>
<tr><td>故障严重
度划分</td><td>FAA
JAA</td><td colspan="2">较小
较小</td><td>较大
较大</td><td>非常严重的
危险</td><td>灾难性的
灾难性的</td></tr>
<tr><td>故障造成
的影响</td><td>FAA&
JAA</td><td colspan="2">·安全裕度的轻微降低
·机组人员工作量的轻微增加
·对乘客造成某种程度的不方便</td><td>·安全裕度或者飞行性能的重要降低
·机组人员工作量的重要增加或者已影响到机组人员的工作效率
·乘客乘坐的不舒适</td><td>·安全裕度或者飞行性能的重大降低
·机组人员承受更高的工作负担和身体上的不适以致于不能准确、完全地完成任务
·对乘客的不利影响</td><td>·所有阻止安全飞行或着陆的故障</td></tr>
<tr><td>安全等级</td><td>ARP
4754</td><td colspan="2">等级 D</td><td>等级 C</td><td>等级 B</td><td>等级 A</td></tr>
</table>

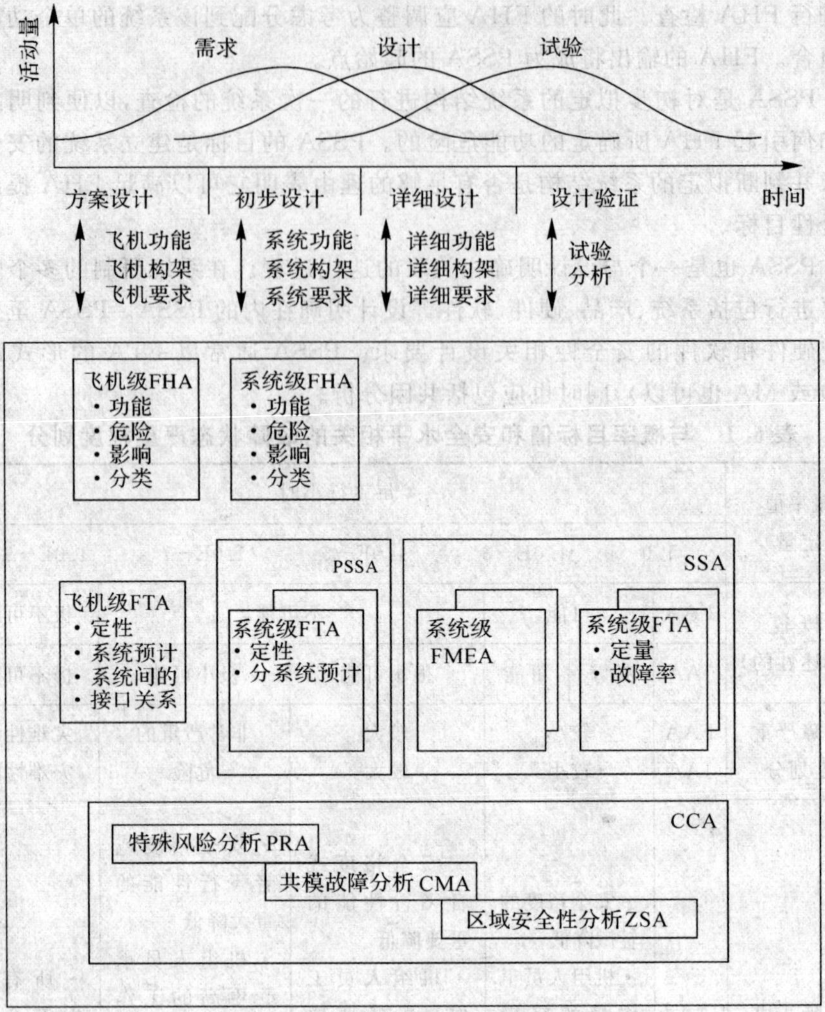

图 6.1　安全性评估过程简述

SSA 是一种对系统设计实现进行的系统综合的评价，用以表明其是否已满足 FHA 提出的安全性目标和 PSSA 中得到的安全性要求。SSA 通常建立在 PSSA FTA 的基础上(DD 或 MA 也可以)，并且要用到 FMES 所获得的定量数据。通过 SSA 应当确认 FMES 列出的所有重要的故障影响都被作为主事件在 FTA 中加以考虑。FMES 是对 FMEA 列出的故障的一个概括，其中根据故障影响对其进行了分组。可用的共因分析结论也必须包含在 SSA 之中。

每一种系统结构都确定了相应的系统设计所实现的系统结构形式及其边界。通过评价总体系统结构对于共因事件的敏感性，CCA 将对相应系统结构及其相关分系统的研制进行协助。对共因事件的评价可以通过以下方式进行：特殊风险分析、区域安全性分析和共模分析。在各个系统的 PSSA 和 SSA 中将要用到整机级别的共因分析的结论。

在 PSSA 和 SSA 过程中进行 FTA 时，分析所用的分配给维修任务的故障检测方式和相关的暴露时间必须与飞机维护程序中的维修任务和间隔相一致。在很多情况下，故障检测方式是由机舱设备确定的或者是系统固有的（比如通过自检或者上电测试等提供）。

关联图在本质上与 FTA 是等价的，如何选择取决于分析者的好恶。马尔可夫分析技术在处理延期维护情况方面较有优势。

安全性评估过程并不都是定量的，其中也要包括一些对研制保证级别、HIRF 和雷击等问题的定性分析，这里面有很多是包含在共因分析之中的。

当 SSA 的结果与系统级和整机级的 FHA 核对通过时，整个安全性评估过程也就完成了。

6.3.2　功能危险分析

功能危险分析是系统地、综合地检查产品的各种功能，识别各种功能故障状态，并根据其严重程度对其进行分类的一种安全性评估过程。功能危险分析用来确立系统安全性设计目标，帮助决定设计方案的可接受性，发现潜在的问题和所需的设计更改，确定所需的进一步分析的要求及范围。FHA 评估通常要在两个层次上开展，分别是飞机级功能危险分析和系统级功能危险分析。

飞机级 FHA 是指将飞机整机视为研究对象，研究飞机设计的整个飞行包线和不同飞行阶段内，可能影响飞机持续、安全飞行的功能失效。飞机级 FHA 是在飞机设计的初始阶段对飞机的基本功能在高层次上进行定性评估，对与飞机有关的所有故障状态进行识别和分类，进而形成飞机必须满足的安全性要求。

系统级 FHA 为审定计划中有规定的那些系统是否安全提出了安全性设计要求，以各 ATA 章节或系统为对象，研究其在飞机设计的整个飞行包线和不同飞行阶段内，可能影响系统乃至飞机整机安全飞行的功能失效。系统级 FHA 主要是在系统的设计过程中对其功能进行反复的定性评估。它考虑了影响飞机功能的系统的一重或多重故障。FHA 提供对安全性至关重要的那些潜在的功能故障状态信息，这些信息用来确立所需系统的结构方案、软件完整性水平要求、系统分离和隔离要求以及最低限度设备清单(MEL)要求。

通过设计过程将飞机功能分配给各系统之后,集成了多项飞机功能的各个系统需要利用系统级 FHA 过程进行反复检查。

飞机级或者系统级功能危险分析的输出结果是安全性要求的产生和分配的输入。通常利用故障树(FTA)从 FHA 中被识别和确定的那些功能故障中,获得那些较低等级产品的安全性要求,例如,飞机级 FHA 输出是飞机级故障树的输入,系统级 FHA 输出是 PSSA 中故障树的输入,这些要求应该贯彻和体现在飞机或者系统的技术规范中。书后附录 3 中给出了 FHAs,FTA 和 FMEAs 之间的关系,同时也给出了 FHAs 是如何产生顶层要求或者顶层事件给 FTA 的,图 6.1 中也展示了从 FMEAs 和 FTA 反馈到系统级和飞机级 FTA 中的定量结果是如何满足 FHAs 中所确定的安全性定量要求的。

6.3.3 初步系统安全评估

初步系统安全评估(PSSA)用来完成故障状态列表,并确定相应的安全性要求,同时用来证明系统如何满足 FHA 中识别的功能危险的定性或定量要求。

在 PSSA 过程中,主要考虑以下内容:

(1)确定保护措施;

(2)考虑失效安全概念;

(3)考虑需要满足安全性目标的结构属性;

(4)识别并获得所有相关系统的安全性要求。

例如,隔离、机内测试、监控与任务和时间间隔相关的安全性要求等。

PSSA 是包含于整个设计开发过程的一个反复的分析过程,开始于设计的早期阶段,并贯穿于飞机级功能及其要求被分配的系统级,系统级要求被分配到单元,单元要求最后被分配到硬件和软件的整个过程之中。分配到单元的任务将决定硬件可靠性要求和软硬件的开发担保要求,这些要求和担保级别可以在单元的详细说明中获得。

通过 PSSA 识别在系统级 FHA 的故障状态中出现的故障,利用 FTA 或其他分析方法来识别可能导致失效的因素。除共因故障外,PSSA 识别的故障中还包括硬件故障和可能的软/硬件错误。PSSA 的目的不但要明确故障及其产生的原因,而且必须获得所需的系统和单元的安全要求,同时分析过程中还必须考虑潜在的故障和它们的检测时间。

对具体硬件和软件故障进行定性分析可以明确它们对不同故障状态的影

响，同时也能够为获得担保等级提供有价值的信息。PSSA 能够为软件明确具体的安全性要求，例如包容性边界定义、隔离措施和具体的验证措施等，这些要求应该作为系统安全性要求的一部分。

图 6.2 给出了安全性评估的步骤。图 6.2 的左边部分说明了 PSSA 中推荐的顺序步骤。对于每一个评估不是所有的步骤都需要，每一个步骤都需要考虑其适用性。

PSSA 过程有两个主要输入——系统级 FHA 和整机级 FTA。系统级 FHA 输出故障状态及其分类(FC&C)，这种故障分类是研究所必需的；整机级 FTA 主要确定相应的功能故障，也可通过 CCA 产生系统级 FTA 的顶层故障影响来补充整机级 FTA。此外，CCA 也可以建立系统级要求，例如冗余度、由系统设计来实施的功能分离和功能独立要求等。

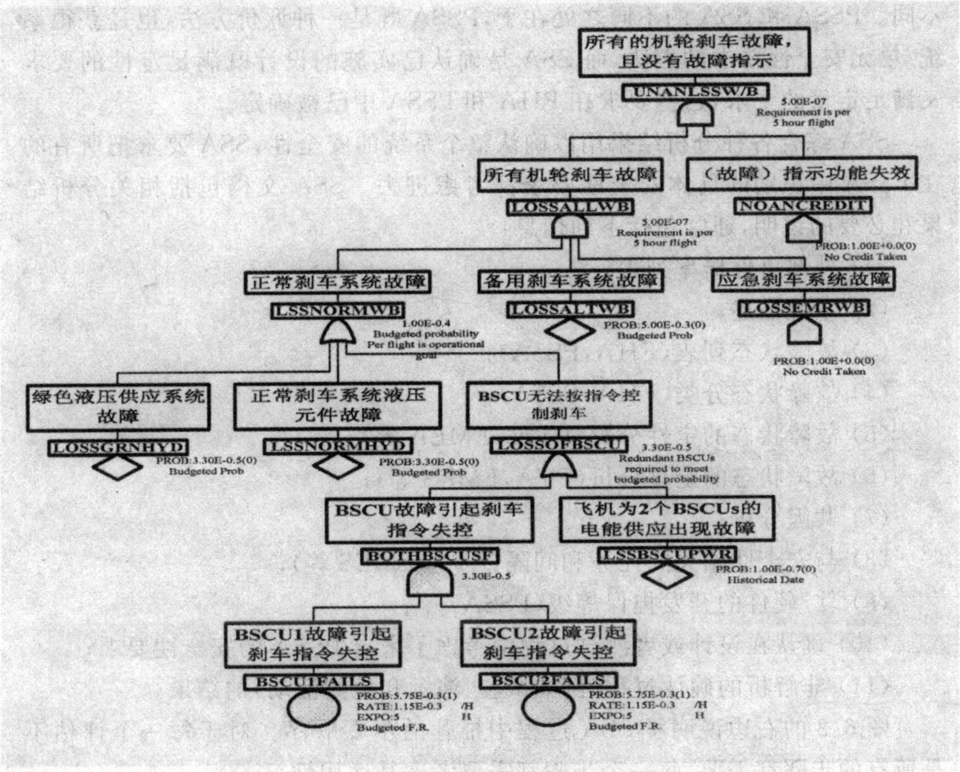

图 6.2　安全性评估的步骤

为了进行单元 FTA，系统级 CCA 输出作为系统级 FTA 输出的补充来产生单元级的顶层故障影响。同样,单元 CCA 也可作为单元 FTA 的补充来进一步建立设计要求、开发担保等级和硬件可靠性要求。这些要求可作为硬件(HW)和软件(SW)的详细设计要求。PSSA 的输出用来识别硬件故障影响、软/硬件的开发错误影响、可靠性余度和开发担保等级。PSSA 也应该建立保护性措施和结构特征,这些结构特征必须满足安全性目标。

在 PSSA 过程中,故障树分析中确定的基本事件的安全要求应该作为 FMEA 分析的输入,帮助 FMEA 分析人员确定 FMEA 分析的重点和深度。

6.3.4 系统安全评估

系统安全性评估是一个对已实施的系统进行系统性、综合性评估的方法,用来说明相关的安全性要求已经被满足。分析过程与 PSSA 相似,但是范围不同。PSSA 和 SSA 的不同之处在于,PSSA 既是一种评价方法,也是获得系统/单元安全性要求的方法,而 SSA 是确认已实施的设计既满足定性的要求又满足定量的要求,这些要求在 FHA 和 PSSA 中已被确定。

SSA 综合各种分析结果用以确认整个系统的安全性,SSA 要求把所有的在 PSSA 中识别的具体安全性要求都考虑进去。SSA 文档包括相关分析结果和必要的说明,通常包括下列信息:

(1) 外部事件概率列表;

(2) 系统描述;

(3) 故障状态列表(FHA,PSSA);

(4) 故障状态分类(FHA,PSSA);

(5) 故障状态的定性分析(FTA, FMEA 等);

(6) 故障状态的定量分析(FTA,FMES 等);

(7) 共因分析;

(8) 与安全性相关的任务和间隔(FTA,FMES 等);

(9) 软/硬件的开发担保等级(PSSA);

(10) 确认在设计或者测试过程中考虑了来自 PSSA 的安全性要求;

(11) 非解析的确认过程(例如试验、演示和检测活动)的结果。

图 6.2 的右边说明了 SSA 过程中推荐的步骤顺序。对于每一个评估不是所有的步骤都需要,每一个步骤都需要考虑其适用性。

通过图 6.2 右边这些向上的分层次的验证,根据在 PSSA 中提出的安全性要求可以验证硬件可靠性要求、结构要求和软/硬件开发担保等级。研制方为硬件建立合适的开发担保程序并对其进行验证。

单元 FMEA 实施并总结为 FMES，用以支持在单元 FTA/CCA 中考虑的对应于故障模式的故障率。系统级 FMEA 总结为系统级 FMES，用以支持在系统级 FTA 中考虑的对应于故障模式的故障率。通过与整机级 FHA 相比较，整机级 FTA/CCA 被用来建立与整机级故障状态和故障概率的相符性和一致性。

6.3.5　飞机安全评估方法的选择

对于每一类故障状态，必须明确飞机或系统如何来满足其安全性目标，图 6.3 给出了对已有系统制定故障状态安全性验证方案的流程，为各类故障状态的安全性验证提供了指导。

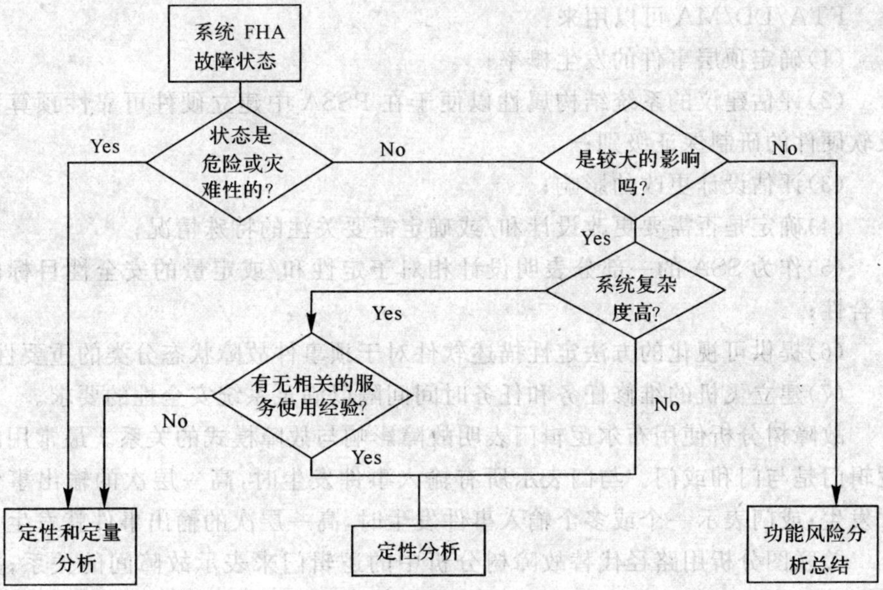

图 6.3　制订故障状态安全性验证方案的流程

6.4　安全性评估分析方法

6.4.1　故障树、关联图与马尔可夫分析

故障树分析、关联图分析和马尔可夫分析是自上而下的分析技术，它们可持续地向下分析到设计的详细层次。

FHA 识别故障状态之后，FTA/DD/MA 作为 PSSA 的一部分，用来明确那些存在于较低层次的单个故障或者组合故障能够导致 FHA 识别的故障状态。进行 FMEA/FMES 时，必须完成比较分析以确保识别的所有重要故障影响都作为基本事件出现在 FTA/DD/MA 中。FTA/DD/MA 的基本事件从 FMEA 和/或 FMES 中获得它们的故障率。

1. FTA/DD/MA 的应用

完整的 FTA/DD/MA 促进了技术与管理的评估和审查，因为它们能够识别单个或者组合故障事件如何导致不希望发生的顶事件的发生；相反，FMEA 只能列出单个故障，包括一些无关紧要的故障。

FTA/DD/MA 将系统级事件细分为更低层次的事件以利于分析。

FTA/DD/MA 可以用来：

(1)确定顶层事件的发生概率；

(2)评估建议的系统结构属性以便于在 PSSA 中建立硬件可靠性预算以及软硬件的研制保证级别；

(3)评估设计更改的影响；

(4)确定是否需要更改设计和/或确定需要关注的特殊情况；

(5)作为 SSA 的一部分表明设计相对于定性和/或定量的安全性目标的符合性；

(6)提供可视化的方法定性描述软件对于顶事件故障状态分类的重要性；

(7)建立飞机的维修任务和任务时间间隔以满足系统安全性的要求。

故障树分析使用布尔逻辑门表明故障影响与故障模式的关系。最常用的逻辑门是与门和或门。与门表示所有输入事件发生时，高一层次的输出事件才发生；或门表示一个或多个输入事件发生时，高一层次的输出事件就发生。

关联图分析用路径代替故障树分析中的逻辑门来表示故障间的关系；并联路径相当于与门，串联路径相当于或门。

马尔可夫分析计算系统处于各种状态的概率(该概率是时间的函数)。系统状态是故障部件和系统冗余度的函数。当给定转移概率时，系统发生从一个状态到另一个状态的变迁，转移概率反映了部件故障率和冗余度。系统状态改变的原因包括部件故障、故障检测后的重新配置、大修等各种事件。每一次状态变迁都是一个随机过程，该过程可由具体的微分方程式表示。通过各状态转移微分方程的组合可以计算系统处于最终各状态的概率。

2. 软件的 FTA/DD/MA

系统和部件的嵌入式软件也可以进行定性的 FTA/DD/MA，特别是在为复杂系统提供足够的软件安全显著性证明时进行 FTA/DD/MA 是必要的，尤其当软件因下述安全性属性而获得好评时，必须进行 FTA/DD/MA。

(1)系统和部件对软件错误提供失效安全保护(通过其他软件或硬件本身提供保护)；

(2)系统和部件对硬件错误和硬件失效提供安全保护；

(3)系统和部件对潜在的硬件故障提供安全保护。

当软件包含在故障树中时，必须明确地建立顶层危险和具体软件异常行为之间的关系。明确确定受影响的功能以及功能如何被影响是非常重要的。具体的保护策略可根据相应的软件异常行为的各种潜在原因来制定，这些保护策略包括软硬件的体系结构和/或安全性研制过程的验证措施。

软件故障的发生是随机的，但是和硬件故障不同，软件故障的发生概率不能确定，因此在故障树中不能用数值和分类的概率来表示软件错误。故障树中的软件分析应当通过研制保证来防止软件错误的发生。任何 FTA 中的软件分析必须依据开发保证来防止软件故障的发生，应当在完全定性分析的基础上来评估软件的符合性。

3. 平均暴露时间概率

当进行定量的 FTA/DD/MA 时，事件的发生概率可以根据故障率和暴露时间进行估计。民用飞机合格审定的概率计算是以所有同类机型的平均概率计算为基础的。为了进行分析，故障率通常被假定为随时间变化的常量，即为处于偶然失效期(位于早期失效期之后耗损失效期之前)的故障率的估计值。如果考虑耗损期或者早期失效期的故障率，那么必须使用其他方法，如生命周期限制等；如果其他方法无法使用，那么必须考虑其他的故障分布函数(如 Weibull)并使用蒙特卡罗模拟方法，这些超出了本书的范围，在此不进行详细叙述。每飞行小时故障状态平均发生概率的计算必须在合理地假设典型平均飞行时间、考虑合理的暴露与风险时间的基础上进行。

当研制一架新型飞机时，平均飞行时间通常根据飞机的市场需求来确定，这是假定值；对于改型飞机，可根据使用数据来确定平均飞行时间。

6.4.2 故障模式与影响分析

FMEA 是一种系统地、自下而上地识别系统和单元与功能的故障模式并确定其对上层影响的方法。FMEA 可以在系统的任一层次上进行(如零件、功能等)。软件同样可以进行定量的功能 FMEA。通常，FMEA 用来分析单一故障的故障影响。

FMEA的分析范围应该与用户的需求相一致。FMEA可以是硬件FMEA或者功能FMEA，当从功能FMEA获得的故障率能够满足PSSA的概率预算值时，可以不进行硬件FMEA。FMEA通常包括以下信息：

(1)识别部件、信号和/或功能；

(2)故障模式与相关的故障率(严酷度类别与数值)；

(3)故障影响(本身的或高一层次的)；

(4)可检测性与检测方法。

FMEA也可能包括以下信息：

(1)补偿措施(自动的和人工的)；

(2)故障发生的飞行阶段；

(3)故障影响的严重性。

FMEA可以与FTA或者DD一起进行定量分析。此外，通过自下而上提供故障影响列表，FMEA能够对FTA/DD进行补充。

6.4.3 故障模式与影响概要

FMES是对产生相同故障影响(每一特定的故障影响都有其各自的单一故障模式类别)的单一故障模式的总结。FMES从飞机制造商、系统集成商或者设备供应商的FMEA中获得。此外，FMES还应该满足用户进行更高层次的FMEA和/或系统安全性评估FTA的需要。

6.4.4 共因分析

共因失效分析(CCA)是对共因失效进行定性和定量分析的工具，它可以检验系统间是否满足独立性要求，分析共因失效条件下对系统失效的概率。尤其需要指出的是，共因失效分析鉴定的故障模式以及一些外部事件所能引起的灾难性的或危险的故障后果，对于灾难性的故障后果，这些共因事件必须杜绝；而对于危险的故障后果，这些共因事件发生的概率必须控制在给定的概率范围之内。

在AC 25.1309条款中，要求进行安全性分析时必须考虑共因故障的分析。

共因分析包括了三种类型的分析：

(1)区域安全性分析；

(2)特殊风险分析；

(3)共模分析。

1. 区域安全性（ZSA）方法

区域安全性分析是对在飞机上（实样图或样机上）人为划定的区域内，考虑系统或设备安全、维修失误、外部环境变化、系统运行等情况而进行的安全性分析。其目的是：

（1）通过对飞机各区域进行相容性检查，判定各系统或设备的安装是否符合安全性设计要求。

（2）判定位于同一区域内各系统之间相互影响的程度。

（3）分析产生维修失误的可能性及其影响。

区域安全性分析的最终目标是通过进行区域安全性分析使新设计能防止不正常事件或限制不正常事件发生的概率，保证飞机各系统之间的相容性和完整性。

2. 特殊风险分析（PRA）方法

所谓特殊风险是指处于所讨论的系统和产品之外但是可能破坏原来对故障的独立性认定的事件或影响作用。下面给出一些实例，其中一些是依据适航条例需要分析的，另一些则是大家熟知的飞机或其系统面临的外部威胁。

典型的风险包含但不限于：火灾，高能设备（如转子爆破），液体泄露，雹、冰、雪，鸟撞，爆胎，轮缘松脱，雷电，高强度辐射场；结构件松脱。

在结合设计情况合理地确定了风险后，要针对每一项风险进行专门研究，对与之同时或后继出现的影响进行检查和论述，总的目的就是保证所有安全相关的影响要么被消除要么被证实可接受。

3. 共模分析（CMA）方法

共模分析（CMA）是共因分析的一种方法，能够用来校验故障树分析中“与门”事件的独立性，它贯穿飞机研制使用、维修的全过程，可以用来确保设计的优良性。CMA 必须分析对系统部件独立性有影响的设计、制造、维修错误以及故障状态，还必须考虑功能的独立性。CMA 包括对部件/设备的评估（部件/设备层次 CMA）以及系统中部件/设备安装的评估（系统/飞机层次 CMA）。

有些设备可能使设计中功能的独立性和冗余失效，CMA 过程正是分析这些设备的设计和运行的。任何需要放弃冗余或独立性的地方，都要给出放弃或接受的理由。下面列出了需要考虑的一些共模故障：

（1）软件开发错误；

（2）硬件开发错误；

（3）硬件故障；

(4)制造、修理出错；

(5)安装错误；

(6)环境因素(如温度、振动和湿度等)；

(7)继发性故障；

(8)共同外部起因故障。

第七章　系统安全性评估实例分析

本章以某型飞机电源系统为例，分析了飞机系统安全性评估的方法、步骤和内容。

7.1　基本概念和定义

7.1.1　失效状态类别

(1)灾难的(Ⅰ级)：失效条件会妨碍持续安全飞行和着陆，导致绝大部分或全部乘员死亡以及飞机损毁。

(2)危险的(Ⅱ级)：失效条件会降低飞机的能力或机组处理不利操作情况的能力，包括极大地降低安全裕度或功能能力；身体不适或过分的工作负担导致飞行机组不能准确地或完全地完成任务；除了飞行机组以外可能个别乘员会遭受严重伤害或死亡。

(3)较大的(Ⅲ级)：失效条件会降低飞机的能力或机组处理不利操作情况的能力，包括明显地降低安全裕度或功能能力；明显地增加机组工作负担或增加机组效率削弱的情况；使飞行机组身体不舒适，或使乘客或客舱机组人员身体不适甚至受到轻微伤害。

(4)较小的(Ⅳ级)：失效条件不会明显地降低飞机安全，机组的操作仍在其能力范围内。较小的失效条件可能包括轻微地降低安全裕度或功能能力，轻微地增加机组工作负担，譬如常规的飞行计划的更改或个别乘客或客舱机组人员身体略有不舒适。

(5)无安全性影响：失效条件不产生任何类似于妨碍飞机营运能力或增加机组工作负担的安全性影响。

7.1.2　定性和定量概率

(1)不经常(可能的)失效条件是在飞机的整个使用寿命内，那些在每个飞机上预期发生一次或多次的失效条件，每飞行小时平均概率高于 10^{-5} 次。

(2)微小(极少)的失效条件是在飞机的整个寿命内，那些在每个飞机上不太可能发生的，但当考虑这一机型中一定数量的飞机的总营运寿命时，可能会发生几次的失效条件，每飞行小时平均概率低于 10^{-5} 但高于 10^{-7} 次。

(3)极微小的失效条件是在飞机的整个寿命内，那些在每个飞机上非预期发生的，但当考虑这一机型所有飞机的总营运寿命时，可能会发生很少几次的失效条件，每飞行小时平均概率低于 10^{-7} 但高于 10^{-9} 次。

(4)极不可能的失效条件是那些在某一机型所有飞机的总营运寿命中非预期发生的不太可能的失效条件，每飞行小时平均概率低于 10^{-9} 次。

7.1.3 硬件和软件研制保证等级

硬件是指有形的实物，通常指航线可更换部件、电路板、电源等。软件是指计算机程序、进程、规则以及任何与计算机系统运行有关的文件编制。

硬件和软件研制保证是基于在系统安全性评估过程中确定的硬件和软件对潜在失效状态的影响。它意味着用来表明符合合格审定要求的努力程度随失效状态的类别而变化。硬件和软件研制保证包括：

A 级：可能引起或导致系统功能失效进而引起飞机灾难性失效状态的异常状态的硬件和软件；

B 级：可能引起或导致系统功能失效进而引起飞机危险的失效状态的异常状态的硬件和软件；

C 级：可能引起或导致系统功能失效进而引起飞机较大的失效状态的异常状态的硬件和软件；

D 级：可能引起或导致系统功能失效进而引起飞机较轻的失效状态的异常状态的硬件和软件；

E 级：可能引起或导致系统功能失效的异常状态的硬件和软件，它不会影响飞机的工作性能或增加驾驶员工作量。

失效条件的影响等级与硬件和软件研制保证等级的对应如表 7.1 所示。

表 7.1　失效条件的影响等级与硬件和软件研制保证等级的对应

影响等级	硬件研制保证等级	软件硬件保证等级
灾难的Ⅰ	A 级	A 级
危险的Ⅱ	B 级	B 级
较大的Ⅲ	C 级	C 级
较小的Ⅳ	D 级	D 级
无安全性影响	E 级	E 级

7.2 电源系统概述

某型飞机电源系统向机载用电设备提供115/200V,400Hz三相交流电和28V直流电。

7.2.1 电源系统组成

飞机电源系统分为下列各子系统:交流电源、直流电源和配电系统。

交流电源系统为115/200V,400Hz三相交流电源,分为交流主电源系统、辅助交流电源系统、交流外电源系统和应急交流电源系统。主交流电源系统由组合驱动发电机(IDG)、发电机控制器(GCU)、功率分配组件(PDA)等组成。辅助交流电源系统由辅助动力装置(APU)驱动的发电机、发电机控制器(GCU)、功率分配组件(PDA)等组成。交流外电源系统为115/200V,400Hz三相交流电源,由外电源插座、汇流条功率控制器(BPCU)等组成。应急交流电源系统分为三相应急交流电源系统和单相应急交流电源系统,三相应急交流电源系统由冲压空气涡轮(RAT)驱动的空冷发电机、发电机控制器(RAT GCU)等组成。单相应急交流电源系统主要由静止变流器(INVERTER)组成,可以将直流输入电转换成单相115V交流输出电。

直流电源系统分为二次直流电源和蓄电池系统,二次直流电源提供28V直流电,分为左、右直流电源系统和应急直流电源系统,分别由变压整流器(TRU)、TRU接触器等组成。直流系统的控制保护由发电机控制器(GCU)完成。蓄电池系统提供24V直流电,分为主蓄电池系统、APU蓄电池系统和飞控蓄电池系统。主蓄电池和APU蓄电池系统分别由蓄电池、蓄电池控制器、蓄电池接触器和分流器等组成;飞控蓄电池系统由飞控蓄电池和蓄电池接触器组成。

配电系统分为交流配电系统和直流配电系统。交流配电系统主要由左、右交流汇流条,三相重要交流汇流条,单相重要交流汇流条,交流地面服务汇流条,左、右交流卸载汇流条等组成;直流配电系统主要由左、右直流汇流条,左、右重要直流汇流条,蓄电池直接汇流条,飞控汇流条,直流地面服务汇流条,左、右直流卸载汇流条等组成。

7.2.2 电源系统功能

当飞机正常飞行时,左、右IDG向全机交流汇流条供电,三台变压整流器分别将主交流电源转换成二次直流电源向直流汇流条供电。当一台主发电机失效时，由辅助发电机替代失效的主发电机供电，辅助发电机还可作为地面维护用的电源。

当交流主电源都失效时，在 RAT 发电机应急供电前由蓄电池和静止变流器向应急负载供电。在 RAT 正常工作后由 RAT 发电机向应急负载供电。

主蓄电池和 APU 蓄电池分别向左、右蓄电池直接汇流条供电，APU 蓄电池用于 APU 起动，需要时两个蓄电池分别向左、右直流重要汇流条供电。蓄电池控制器(BC)根据系统状态，对蓄电池进行充放电控制。飞控蓄电池向飞控汇流条供电，保证飞控系统直流用电设备供电不间断。

当飞机在地面时，它可由交流地面电源向全机用电设备供电。BPCU 对外电源的供电品质进行监控，并完成外电源的控制保护功能。当仅需为地面服务汇流条供电时，可以通过操纵地面服务电源控制板(驾驶舱顶部控制板)上的 GS PWR 开关实现地面服务供电模式。

当 WOW 信号为地面状态时，外电源、辅助电源和左右 IDG 之间的转换采用先并联后转换的供电模式，从而实现了电源转换时的不中断供电转换(NBPT)。

当 WOW 信号为空中状态时，左、右 IDG 和辅助电源之间的转换为中断供电转换(BPT)。

在航电系统的多功能显示器(MFD)上能够显示供电系统的简图，该简图显示了供电系统的当前状态和一些重要参数；供电系统的告警或提示信息显示在发动机指示和机组告警系统(EICAS)显示器上。

IDG 在调压点输出 35/40kV·A，115/200V，400Hz 三相交流电，向飞机负载供电；同样，APU GEN 亦在其调压点输出相同品质的三相交流电，向飞机用电设备供电。PDA 实现电源的分配功能，根据电源系统电源的不同构型分配电源，实现在不同状态下飞机交流电源的独立供电、互联供电。GCU 的主要功能是提供控制、检测、通信、保护以及对相应通道的自检测功能。BPCU 提供交流外电源保护以及与 GCU 之间的通信功能。TRU 的主要功能是将 115V 三相交流电通过变压整流后转换成为 28V 直流电，为相应通道的用电设备提供满足要求的直流电。静态换流器可将蓄电池的 24V 输出电转换成 115V，400Hz 单相交流输出。在应急状态下，自动释放 RAT，冲压空气涡轮提供动力源使得 RATGEN 在调压点输出 15 kV·A，115/200V，400Hz 的三相交流电；若 RAT 无法自动释放，则可通过操纵台上的自动释放手柄手动释放 RAT，仍可在应急状态下为三相重要用电设备提供交流电。

在飞机正常工作的状态下，电源顶部控制板上的开关均处于正常的工作位置，除了 MAIN BATT，APU BATT，EXT PWR 和 GS PWR 开关需要驾驶员根据不同模式选择开关的具体位置之外，驾驶员无须操作电源顶控板的开关，电源系统工作均是自动完成的，包括系统之间的转换、互联。但需要驾驶员在故障时根据 ECIAS 和顶部控制板上开关的显示，操作相应的开关复位或者断开，从而有效地隔离故障。

7.2.3　电源系统安全性评估要求

电源系统的重要程度要求其具有较高的安全等级，多冗余通道供电的模式用于保证电源系统具有 10^{-9} 安全等级。电源系统安全性评估是系统、全面地评估系统满足相应的安全要求的综合性的分析方法，评估系统的冗余，从而为排除所有潜在的冗余违反者进行评定。

为确保电源系统安全因素等级要求，系统设计需要满足系统与系统之间、部件与部件之间需要一定的独立性。因此，必须保证这种独立性的存在，或保证与非独立性相关的风险是可以接受的，包括主通道与应急通道隔离；左、右通道相对隔离；AC ESS BUS 和 DC ESS BUS 馈电线均应物理隔离；交流电源线和控制线要求与直流电源线和控制线分开；左、右通道中的设备或汇流条互联；接地按照不同类型相对独立等。这些在后文将有进一步的分析。

7.3　电源系统的功能危险分析(FHA)

电源系统的功能就是向飞机用电设备提供 115V，400Hz 的交流电，28V 直流电。电源系统的功能危险分析(FHA)是对电源系统和设备功能的定性评估，找出与系统功能相关的故障条件，确定故障条件的影响和严重程度，确定故障要求的验证方法，同时为电源系统的安全性设计提供分析标准。

7.3.1　整机级功能失效和工作状态的划分

电源系统软件、硬件开发方面完全依赖于电源系统发电与控制的功能定义软件、硬件的设计保证等级。从飞机级的 FHA 入手定义电源系统危险等级，从而确定电源系统软件、硬件的开发保证等级。飞机级功能危险性分析定义的电源系统灾难性危险事件包括丧失所有电源、丧失所有直流汇流条。

1. 丧失所有电源

飞机飞行的交流电源包括 L IDG，R IDG，APU GEN 和 RAT GEN；直流电源主要是指 TRU，包括 LTRU，RTRU 和 ETRU，TRU 的输入由交流电源提供，即 TRU 可作为交流电源的直流负载。飞机电源备有两个蓄电池，可在有限的时间内向飞机重要直流负载提供 24V 直流电。作为辅助交流电源，APU GEN 受辅助动力装置 APU 启动的高度限制，仅在低于 30 000 ft[①] 启动，在低于 33 000 ft 高度工作。

因此，丧失所有电源是指丧失 L IDG，R IDG，APU GEN 和 RAT GEN 供电源，包括主交流电源和应急交流电源。

主发电系统共因故障可能导致丧失所有主交流电源，可通过 RAT GCU 和 ADCU 控制自动释放 RAT GEN，向飞机应急用电设备提供电源，若 RAT 自动释放功能失效，则可通过手动释放功能释放 RAT GEN，仍能保证向飞机提供应急交流电源。

综上所述，根据飞机级定义的丧失所有电源和电源系统的构型，将主电源和应急电源的硬件设计保证等级均定义为“B”；三个 GCU（包括 L GCU，R GCU，A GCU）的软件开发保证等级定义为“B”级，BPCU 的软件开发保证等级定义为“C”级。

2. 丧失所有直流电源

丧失所有直流电源包括左直流、右直流、左直流重要汇流条、右直流重要汇流条和直流转换汇流条。

所有 TRUC 断开导致丧失所有直流电源。RAT GCU 在 RAT 释放时可向 ETRU 供电，故 RAT GCU 硬件、软件设计保证等级定义为“B”，ADCU 无软件；蓄电池控制器硬件设计保证等级定义为“A”。

工作状态或飞行阶段划分如下：

1）地面，包括 G 地面滑行；

2）起飞，包括 T 起飞；

3）飞行中，包括 F 1 爬升，F 2 巡航，F 3 下降，F 4 进场；

4）着陆，包括 L 着陆；

5）所有阶段，ALL 指以上所有飞行阶段；

6）其他，Other 根据说明。

飞行阶段的划分定义如表 7.2 所示。

---

① 1 ft＝0.304 8 m。

表 7.2　飞行阶段的划分

序号	阶段	FHA 飞行阶段	定义
1	地面	G:地面滑行	包括飞机起飞前从接通电源开始到从停机坪滑出至停在起飞跑道端头的过程和着陆后从滑跑结束开始滑进停机坪至切断电源的过程
2	起飞	T:起飞	从松刹车滑跑开始至达到起飞安全高度 35 ft 的过程
3	飞行中	F1:爬升	从达到起飞安全高度 35 ft 和开始至达到巡航高度的过程
4		F2:巡航	从爬升至巡航高度开始到开始下降为止的过程,包括加速至巡航马赫数、巡航和下降前的减速
5		F3:下降	从巡航高度下降到进场高度 1 500 ft 的过程
6		F4:进场	从到达进场高度 1 500 ft 开始至下滑到着陆安全高度 50 ft 的过程
7	着陆	L:着陆	从下滑到着陆安全高度 50 ft 开始至接地、滑跑并减速到速度低于 20 kn① 的过程

7.3.2　功能故障模式的确定

对于电源系统的供电功能,要考虑以下故障模式和条件:

(1)功能故障形式。这些故障包括中断供电、部分失效和全部失效。

(2)环境条件和应急配置。这些故障包括工作环境影响;IDG,APU 发电机和/或 RAT 发电机故障;发电机控制器故障;变压整流器故障;断路器、继电器、接触器、电缆、汇流条和 PDA 等故障;单发供电状态;应急供电状态。

(3)接口功能。这些故障包括向机组人员发出告警信号(机组警告、警惕信息);机组人员通过控制板来人为控制的功能。

7.3.3　系统级功能危险分析(FHA)

电源系统的系统级功能危险分析如表 7.3 所示。

通过分析,飞机电源系统级的功能故障共 18 项。按影响等级进行分类,其中Ⅰ级功能故障共有 4 项,Ⅱ级功能故障共有 3 项,Ⅲ级功能故障共有 9 项,Ⅳ级功能故障共有 2 项。

---

①　1 kn=1 n mile/h=0.514 444 m/s(只用于航行)。

表 7.3　系统级功能危险分析表

功能	危险说明	功能危险编号	工作状态飞行阶段	危险对其他系统的影响	危险对飞机或人员的影响 1. 飞机 2. 机组 3. 乘客	影响等级	研制保证等级		符合性验证方法	确认影响等级的引用文件
							硬件	软件		
对关键用电设备的供电	丧失所有交流电源(三相交流重要汇流条和左、右交流汇流条供电均失效)	××-1-1	所有阶段	所有交流用电系统无法工作	飞机:导致所有交流用电设备无法工作,飞机可能彻底损毁 机组:可能由于飞机的损毁而死亡 乘客:可能由于飞机的损毁而绝大部分死亡或者全部死亡	I	A	A	定量 FMEA 定量 FTA CCA	
	飞机丧失多个直流电源(左直流、右直流和直流转换重要汇流条的供电失效)	××-1-2	所有阶段	部分直流关键用电系统无法工作	飞机:导致接在此汇流条上的直流关键用电设备无法工作,飞机可能彻底损毁 机组:可能由于飞机的损毁而死亡 乘客:可能由于飞机的损毁而绝大部分死亡或者全部死亡	I	A	A	定量 FMEA 定量 FTA CCA	
	丧失对部分关键用电设备供电	××-1-3								
	左直流重要汇流条和右直流汇流条供电均失效	××-1-3a	所有阶段	部分直流关键用电系统无法工作	飞机:导致接在此汇流条上的直流关键用电设备无法工作,飞机可能彻底损毁 机组:可能由于飞机的损毁而死亡 乘客:可能由于飞机的损毁而绝大部分死亡或者全部死亡	I	A	A	定量 FMEA 定量 FTA CCA	

续表

功能	危险说明	功能危险编号	工作状态飞行阶段	危险对其他系统的影响	危险对飞机或人员的影响 1. 飞机 2. 机组 3. 乘客	影响等级	研制保证等级		符合性验证方法	确认影响等级的引用文件
							硬件	软件		
对关键用电设备的供电	右直流重要汇流条和左直流汇流条供电均失效	××-1-3b	所有阶段	部分直流关键用电系统无法工作	飞机:导致接在此汇流条上的直流关键用电设备无法工作,飞机可能彻底损毁 机组:可能由于飞机的损毁而死亡 乘客:可能由于飞机的损毁而绝大部分死亡或者全部死亡	Ⅰ	A	A	定量 FMEA 定量 FTA CCA	
提供主交流电源	左交流汇流条和右交流汇流条供电同时失效	××-2-1	所有阶段	部分交流用电系统无法工作	飞机:导致飞机进入应急供电状态,由应急电源供电 机组:明显地增加了驾驶员工作负担 乘客:正常照明系统丧失,带来一定心里压力	Ⅱ	B	B	定量 FMEA 定量 FTA CCA	

续表

功能	危险说明	功能危险编号	工作状态飞行阶段	危险对其他系统的影响	危险对飞机或人员的影响 1. 飞机 2. 机组 3. 乘客	影响等级	研制保证等级		符合性验证方法	确认影响等级的引用文件
							硬件	软件		
提供主交流电源	单个主交流电源和单相应急交流电源同时失效	××-2-2								
	左交流汇流条和单相应急交流汇流条供电均失效	××-2-2a	所有阶段	部分交流用电系统无法工作	飞机：导致飞机左交流通道的供电丧失 机组：告警系统提示飞行员，可能造成一定心里压力 乘客：无影响	Ⅱ	B	B	定量 FMEA 定量 FTA CCA	
	右交流汇流条和单相应急交流汇流条供电均失效	××-2-2b	所有阶段	部分交流用电系统无法工作	飞机：导致飞机右交流通道的供电丧失 机组：告警系统提示飞行员，可能造成一定心里压力 乘客：无影响	Ⅱ	B	B	定量 FMEA 定量 FTA CCA	

续表

功能	危险说明	功能危险编号	工作状态飞行阶段	危险对其他系统的影响	危险对飞机或人员的影响 1. 飞机 2. 机组 3. 乘客	影响等级	研制保证等级		符合性验证方法	确认影响等级的引用文件
							硬件	软件		
提供单一交流电源	单个交流汇流条供电失效	××-3-1								
	左交流汇流条供电失效	××-3-1a	所有阶段	部分交流用电系统无法正常工作	飞机：飞机切除部分非重要负载 机组：轻微地增加驾驶员工作负担 乘客：无影响	Ⅲ	B	B	定性 FMEA	
	右交流汇流条供电失效	××-3-1b	所有阶段	部分交流用电系统无法正常工作	飞机：飞机切除部分非重要负载 机组：轻微地增加驾驶员工作负担 乘客：无影响	Ⅲ	B	B	定性 FMEA	
	三相交流重要汇流条供电失效	××-3-1c	所有阶段	部分交流用电系统无法正常工作	飞机：飞机切除部分非重要负载 机组：轻微地增加驾驶员工作负担 乘客：无影响	Ⅲ	B	B	定性 FMEA	

续表

功能	危险说明	功能危险编号	工作状态飞行阶段	危险对其他系统的影响	危险对飞机或人员的影响 1. 飞机 2. 机组 3. 乘客	影响等级	研制保证等级		符合性验证方法	确认影响等级的引用文件
							硬件	软件		
	单相交流重要汇流条供电失效	××-3-1d	所有阶段	部分交流用电系统无法正常工作	飞机：飞机切除部分非重要负载 机组：轻微地增加驾驶员工作负担 乘客：无影响	Ⅲ	B	B	定性FMEA	
提供单一直流电源	单个直流汇流条供电失效	××-3-2								
	左直流重要汇流条供电失效	××-3-2a	所有阶段	部分直流用电系统无法正常工作	飞机：飞机切除部分非重要负载 机组：轻微地增加驾驶员工作负担 乘客：无影响	Ⅲ	B	B	定性FMEA	
	右直流重要汇流条供电失效	××-3-2b	所有阶段	部分直流用电系统无法正常工作	飞机：飞机切除部分非重要负载 机组：轻微地增加驾驶员工作负担 乘客：无影响	Ⅲ	B	B	定性FMEA	

续表

功能	危险说明	功能危险编号	工作状态飞行阶段	危险对其他系统的影响	危险对飞机或人员的影响 1. 飞机 2. 机组 3. 乘客	影响等级	研制保证等级		符合性验证方法	确认影响等级的引用文件
							硬件	软件		
提供单一直流电源	左直流汇流条供电失效	××-3-2c	所有阶段	部分直流用电系统无法正常工作	飞机：飞机切除部分非重要负载 机组：轻微地增加驾驶员工作负担 乘客：无影响	Ⅲ	B	B	定性 FMEA	
	右直流汇流条供电失效	××-3-2d	所有阶段	部分直流用电系统无法正常工作	飞机：飞机切除部分非重要负载 机组：轻微地增加驾驶员工作负担 乘客：无影响	Ⅲ	B	B	定性 FMEA	
	直流转换重要汇流条供电失效	××-3-2e	所有阶段	部分直流用电系统无法正常工作	飞机：飞机切除部分非重要负载 机组：轻微地增加驾驶员工作负担 乘客：无影响	Ⅲ	B	B	定性 FMEA	

续表

功能	危险说明	功能危险编号	工作状态飞行阶段	危险对其他系统的影响	危险对飞机或人员的影响 1. 飞机 2. 机组 3. 乘客	影响等级	研制保证等级		符合性验证方法	确认影响等级的引用文件
							硬件	软件		
提供单个地面服务电源	单个地面服务汇流条供电失效	××-4-1								
	交流地面服务汇流条供电失效	××-4-1a	所有阶段	接在交流地面服务汇流条上的设备无法工作	飞机：导致部分客舱照明失效 机组：无影响 乘客：部分照明失效，可能带来不便	Ⅳ	C	C	定性 FMEA	
	直流地面服务汇流条供电失效	××-4-1b	所有阶段	接在直流地面服务汇流条上的设备无法工作	飞机：导致部分客舱照明失效 机组：无影响 乘客：部分照明失效，可能带来不便	Ⅳ	C	C	定性 FMEA	

7.4　电源系统故障模式及影响分析(FMEA)

电源系统故障模式及影响分析可用于评估系统中每个部件假定故障的影响。具体而言，通过对电源系统进行系统性、综合性的分析，确定系统中各个设备和元件在系统设计和使用过程中所有的故障模式，以及每种故障模式产生的原因及其对局部、系统以及飞机所产生的影响。分析的结果可作为故障树分析(FTA)的基本事件数据，同时可对共因分析(CCA)提出系统的冗余要求。

根据电源系统功能及结构特点，主要包括主交流电源系统、辅助和交流外部电源系统、直流电源系统、应急交流电源系统以及交流配电系统、直流配电系统的故障模式及影响分析。由于各系统完整的FMEA内容很多，这里仅以直流配电系统中左直流配电子系统的部分部件为例进行分析，如表7.4所示。

通过分析，表明直流配电系统熔断器在飞机飞行过程中不能更换和复位。若对应的直流汇流条或者直流重要汇流条短路故障，则熔断器熔断保护，隔离故障汇流条，飞机电源系统丧失一个直流汇流条或者一个直流重要汇流条，某些单通道直流供电的设备丧失电源，由于重要设备均是多通道供电，不会造成飞机灾难性危险。

由分系统的故障模式影响分析结果可见，电源系统多冗余通道的供电模式，单点故障不会导致飞机灾难性危险，但由于可能导致丧失一个供电源而降低系统供电余度，可通过互联实现供电。

表 7.4　直流配电系统 FMEA(部分)

系统:配电系统				部件:左直流汇流条			部件编号:××-××××,××-××××,××-××××,××-××××				
子系统:左直流配电子系统				部件功能:向左直流汇流条供电的负载供电			图纸编号及版本:				
FMEA编号	故障模式及原因	飞行阶段	故障影响: a. 局部影响 b. 高一层影响 c. 最终影响 (对飞机)	故障的识别与纠正措施: a. 给飞行机组的指示 b. 具有相同指示的其他故障 c. 飞行机组对故障的识别,隔离以及纠正措施 d. 可能的不当的措施的影响 e. 故障隔离——维护人员 f. 纠正措施——维护人员	带故障派遣要求: a. 能;飞机可以派遣 b. 如果“能”,什么运行限制	级联的/并发的有害故障的影响	单个部件故障率(1E−6)	故障模式的故障率(1E−6)	暴露时间(H)	故障模式的发生概率	危害等级	备注
××-××-××-×.×	左直流汇流条短路,汇流条对地短路	所有阶段	a. 左直流汇流条和左直流卸载汇流条供电的负载失电 b. 由该汇流条供电的负载失电 c. 左直流汇流条失电,直流配电余度降低	a. 左直流汇流条短路;各系统相应负载的失电指示 b. 无 c. 无 d. 无 e. 不适用 f. 检修线路	a. 否 b. 不适用	无	0.07	0.07	1.26	1.03E−7	III	

续表

<table>
<tr><td colspan="3">系统：配电系统</td><td colspan="3">部件：导线</td><td colspan="5">部件编号：××××××××</td></tr>
<tr><td colspan="3">子系统：左直流配电子系统</td><td colspan="3">部件功能：提供左直流汇流条××-××××到××-××××之间的供电线路</td><td colspan="5">图纸编号及版本：</td></tr>
<tr><td>FMEA编号</td><td>故障模式及原因</td><td>飞行阶段</td><td>故障影响：
a. 局部影响
b. 高一层影响
c. 最终影响（对飞机）</td><td>故障的识别与纠正措施：
a. 给飞行机组的指示
b. 具有相同指示的其他故障
c. 飞行机组对故障的识别，隔离以及纠正措施
d. 可能的不当的措施的影响
e. 故障隔离——维护人员
f. 纠正措施——维护人员</td><td>带故障派遣要求：
a. 能；飞机可以派遣
b. 如果“能”，什么运行限制</td><td>级联的/并发的有害故障的影响</td><td>单个部件故障率（1E-6）</td><td>故障模式的故障率（1E-6）</td><td>暴露时间（H）</td><td>故障模式的发生概率</td><td>危害等级</td><td>备注</td></tr>
<tr><td>××-××-××-××-×.×</td><td>导线短路，导线对地短路</td><td>所有阶段</td><td>a. 所有左直流汇流条和左直流卸载汇流条供电的负载失电
b. 由该汇流条供电的负载失电
c. 左直流汇流条失电，直流配电余度降低</td><td>a. 左直流汇流条短路；各系统相应负载的失电指示
b. 无
c. 无
d. 无
e. 不适用
f. 检修线路</td><td>a. 否
b. 不适用</td><td>无</td><td>0.09</td><td>0.04</td><td>1.26</td><td>6.41 E-8</td><td>III</td><td></td></tr>
<tr><td>××-××-××-××-×.×</td><td>导线开路，导线断开</td><td>所有阶段</td><td>a. 左直流汇流条××-××××和左直流卸载汇流条失电
b. 由该汇流条供电的负载失电
c. 左直流汇流条失电，直流配电余度降低</td><td>a. 无
b. 无
c. 无
d. 无
e. 不适用
f. 检修导线</td><td>a. 否
b. 不适用</td><td>无</td><td>0.09</td><td>0.04</td><td>75 000</td><td>3.72 E-3</td><td>III</td><td>隐蔽故障</td></tr>
</table>

续表

系统:配电系统				部件:左直流卸载汇流条断路器								部件编号:×××××××
子系统:左直流配电子系统				部件功能:提供左直流卸载汇流条与左直流汇流条之间的过流隔离保护功能								图纸编号及版本:
FMEA编号	故障模式及原因	飞行阶段	故障影响: a. 局部影响 b. 高一层影响 c. 最终影响 (对飞机)	故障的识别与纠正措施: a. 给飞行机组的指示 b. 具有相同指示的其他故障 c. 飞行机组对故障的识别,隔离以及纠正措施 d. 可能的不当的措施的影响 e. 故障隔离——维护人员 f. 纠正措施——维护人员	带故障派遣要求: a. 能;飞机可以派遣 b. 如果"能",什么运行限制	级联的/并发的有害故障的影响	单个部件故障率(1E—6)	故障模式的故障率(1E—6)	暴露时间(H)	故障模式的发生概率	危害等级	备注
××-××-××-××-×.×	断路器开路,断路器内部故障	所有阶段	a. 左直流卸载汇流条失电 b. 左直流卸载汇流条供电的负载失电 c. 左直流卸载汇流条失电,轻微影响	a. 断路器 B1-2417 开路;左直流卸载汇流条供电的负载的失电指示 b. 无 c. 无 d. 无 e. 不适用 f. 更换断路器 B1-2417	a. 是 b. 直流供电其他部分正常工作。	无	0.324	0.164	1.26	2.32 E—7	IV	
××-××-××-××-×.×	断路器断不开,断路器内部故障	所有阶段	a. 无影响 b. 无影响 c. 如果线路过流,不能断开进行保护,轻微影响	a. 无 b. 无 c. 无 d. 无 e. 不适用 f. 更换断路器 B1-2417	a. 是 b. 直流供电其他部分正常工作	如果左直流卸载汇流条出现过流,则断路器 B1-2417 不能断开进行隔离保护,将导致左直流汇流条过流并最终失电	0.324	0.164	1.26	2.32 E—7	IV	

7.5　电源系统的 FTA

故障树分析(FTA)与 FMEA 结合用于安全性分析，对可能造成的系统故障的各种因素(包括硬件，软件，环境以及人为因素)进行分析，确定系统故障原因的各种可能组合方式以及其发生概率，最终校验系统是否满足电源系统安全性要求。

按照某型飞机电源系统级功能危险分析表(见 7.3 节中表 7.3)，选择Ⅰ级、Ⅱ级、Ⅲ级功能故障作为顶事件进行分析。故障树分析可用于定性分析，也可用于定量分析。进行定性分析时，按照系统复杂程度决定割集阶数，电源系统的割集阶数一般定为三级。在定性分析这些最小割集时，在三阶最小割集中出现的次数最多的事件可以定性的认为是重要事件，应着重考虑。进行定量分析时，必须给出各基本事件的发生概率，通过合适的故障树分析软件(如 ISOGRAPH)可直接求得各中间事件和顶事件的发生概率。

由于各系统完整的 FTA 内容很多，且每个故障树的篇幅都很大，这里不再一一列出各故障树图，仅给出最终分析结果，如表 7.5 所示。

从表可以看出，根据电源系统直流部分以及交流部分的 FTA 分析结果，电源系统的安全性能达到 FHA 中所要求的目标，满足某型飞机的安全性能要求。

根据电源系统直流部分以及交流部分的 FTA 分析结果，电源系统的安全性能达到 FHA 中所要求的目标，满足某型飞机的安全性能要求。

表 7.5 电源系统 FTA 分析结果

功能危险编号	危险说明	工作状态	影响等级	概率要求	FTA 分析结果
××-1-1	丧失所有交流电源(三相交流重要汇流条和左、右交流汇流条均失效)	所有	Ⅰ	1.00E−9	8.95E−11
××-2-1	左、右交流汇流条均失效	所有	Ⅱ	1.00E−7	8.67E−9
××-2-2a	左交流汇流条和单相应急交流汇流条均失效	所有	Ⅱ	1.00E−7	8.96E−13
××-2-2b	右交流汇流条和单相应急交流汇流条失效	所有	Ⅱ	1.00E−7	8.96E−13
××-3-1a	左交流汇流条失效	所有	Ⅲ	1.00E−5	1.02E−7
××-3-1b	右交流汇流条失效	所有	Ⅲ	1.00E−5	1.02E−7
××-3-1c	三相交流重要汇流条失效	所有	Ⅲ	1.00E−5	1.02E−7
××-3-1d	单相交流重要汇流条失效	所有	Ⅲ	1.00E−5	7.38E−6
××-1−2	左、右直流和直流转换重要汇流条均失电	所有	Ⅰ	1.00E−09	1.01E−10
××-1-3a	左直流重要汇流条和右直流汇流条均失电	所有	Ⅰ	1.00E−09	9.25E−11
××-1-3b	右直流重要汇流条和左直流汇流条均失电	所有	Ⅰ	1.00E−09	9.25E−11
××-3-2a	左直流重要汇流条失电	所有	Ⅲ	1.00E−05	1.01E−7
××-3-2b	右直流重要汇流条失电	所有	Ⅲ	1.00E−05	3.21E−7
××-3-2c	左直流汇流条失电	所有	Ⅲ	1.00E−05	1.08E−7
××-3-2d	右直流汇流条失电	所有	Ⅲ	1.00E−05	1.05E−7
××-3-2e	直流应急转换汇流条失电	所有	Ⅲ	1.00E−05	1.02E−7

7.6　电源系统共因分析

共因故障分析(CCA)是检验系统独立性、鉴定具体的非独立性关系的工具。共因故障分析包括区域安全分析 ZSA、特殊风险分析 PRA、共模故障分析 CMA。这些不同类型的分析确保功能之间、系统之间或者设备之间的独立性以满足飞机的安全性要求。

7.6.1　区域安全性分析

电源系统区域安全性分析(ZSA)是考核在飞机特定区域内电源系统设备的安装与飞机其他系统的影响,验证系统安装要求。在划分的区域内,根据所确定的危险源,分析其对电源系统的影响,从而寻找系统冗余的违反者。具体而言,即在给定区域内,考虑危险源由于系统或设备安装、维修失误、外部环境变化等因素,对电源系统设备功能的影响,进而考虑对电源系统以及飞机的影响,判定电源系统或设备的安装是否符合安全性设计要求。

根据电源系统设备安装位置以及飞机各区域内各个系统布局、环境,查出潜在危险源,如表 7.6 所示。影响电源系统的潜在危险主要有液压管路、氧气管路、燃油管路以及废水管路中的液体泄漏,飞控系统、电源系统等重要系统设备过热等。

电源系统部分部件的区域安全性分析如表 7.7 所示。

经初步区域安全性分析,在危险源附近的电源系统冗余部件可被有效物理隔离,或者通过电源系统保护装置将设备与工作系统隔离,同时显示报警信息,对于重要设备可手动复位,从而保证系统在丧失一个冗余通道的情况下,不影响其他冗余通道正常工作。初步分析结果显示,电源系统设备在各个区域内均无冗余的违反者。

随着飞机区域安全性分析的不断展开,电源系统区域安全性分析将不断完善,用以判定电源系统设备安装的合理性以及与其他系统的相容性,并进一步完善设计。

表 7.6　影响电源系统危险源统计表

区域编号	区域名称	系统编号及名称	危险源	危险描述	备　注
××	电子电气设备舱	ATA 32 起落架控制系统	液压附件、管路接头	液压油泄漏	液压管路安装在设备下方，不考虑对电源设备影响
			应急放起落架钢索	钢索断裂甩出	
		ATA 27 飞控系统	副翼钢索	具有高能量释放潜能的元部件	安装在 E 3.2 以及 E 4.2，无电源系统设备
			飞行控制计算机 FCC	短路或过热后产生烟雾或起火	
			襟缝翼控制单元	短路或过热后产生烟雾或起火	
		ATA 35 氧气系统	空勤氧气系统低压分配管路	氧气助燃	包括低压管路、接头、低压开关等
		ATA 24 电源系统	主蓄电池	主蓄电池内液体泄露，液体具有腐蚀性，同时蓄电池内的化学物质反应后产生氢气和氧气	飞控蓄电池安装 E 2.2，考虑 E 2.3 电源设备的影响主蓄电池安装在蓄电池托架上，对周围应无影响，恶劣情况考虑对左、右设备的影响
			飞控蓄电池	飞控蓄电池内液体为铅酸溶液，具有腐蚀性	
		ATA 38 水/废水系统	前机外排放杆	当机外排放杆内的加热装置过热时，易产生烟雾，甚至引起起火，导致机外排放杆失效，使得工作灰水泄漏到机身下部电子设备舱	水废水系统管路敷设在电子电气设备舱机身结构两侧，对电源设备无影响
××	前货舱	ATA 27 飞控系统	P-ACE(1，3，4)	短路或过热后产生烟雾或起火	环境温度对 L TRU，E TRU 的影响
		ATA 38 水/废水系统	废水排放管路	当废水排放管路发生泄漏时，容易对结构及周围设备造成腐蚀，引起设备瘫痪	废水滴漏对 E TRU 的影响

续表

区域编号	区域名称	系统编号及名称	危险源	危险描述	备　注
××	前货舱	ATA 24 电源系统	L TRU	若 L TRU 散热不畅，导致设备本身温度过高，影响性能；同时会导致周围环境的温度过高	仅对自身的工作有影响，保护装置会自动断开其与系统的连接
		ATA 24 电源系统	E TRU	若 E TRU 散热不畅，导致设备本身温度过高，影响性能；同时会导致周围环境的温度过高	仅对自身的工作有影响，保护装置会自动断开其与系统的连接
××	再循环风扇舱	ATA 38 水/废水系统	废水排放管路	当废水排放管路发生泄漏时，容易对结构及周围设备造成腐蚀，引起设备瘫痪	
			废水排放球阀加热垫	当球阀加热垫过热时，易产生烟雾，易引起球阀O型密封圈熔化或变形，导致废水排放管路发生泄漏	考虑对APU蓄电池、APU蓄电池接触器、APU蓄电池分流器、APU蓄电池熔断器的影响
			后机外排放杆	当机外排放杆内的加热装置过热时，易产生烟雾，甚至引起起火，导致机外排放杆失效，使得工作灰水泄漏到机身下部再循环风扇舱	
		ATA 28 燃油系统	从燃油箱或燃油导管内泄漏出的燃油及燃油蒸汽	(1)泄漏的油气被火花或高温源点燃 (2)泄漏的燃油对其他系统的污染或腐蚀	穿过机身增压舱区域的燃油管采用双层套管，具有较强的防漏功能。
		ATA 27 飞控系统	HS-ACE	短路或过热后产生烟雾或起火	环境温度对APU蓄电池、APU蓄电池接触器、APU蓄电池分流器、APU蓄电池熔断器的影响

续表

区域编号	区域名称	系统编号及名称	危险源	危险描述	备注
××	再循环风扇舱	ATA 30 防冰系统	防冰系统高温、高压导管	高温、高压导管气体泄漏、可能导致其他系统受热，影响其正常工作	正常情况下，该段管路没有气体通过，即使防冰活门故障和气体泄漏同时发生，也可以通过引气调节关断活门隔离过热气源
××	前附件舱	ATA 24 电源系统	R TRU	若 R TRU 散热不畅，导致设备本身温度过高，影响性能；同时会导致周围环境的温度过高	仅对自身的工作有影响，保护装置会自动断开其与系统的连接
××××	后附件舱区域	ATA 24 电源系统	APU GEN	转子破裂，飞出后损坏相关部件，影响区域与 APU 转子爆破雷同	专项分析
		ATA 29 液压能源系统	液压导管、其他液压附件	承载具有腐蚀性物质且液体泄漏时易造成周围环境恶化的装置	液压管路敷设在 APU GEN 的下方，其泄漏无影响
		ATA 36 引气系统	引气系统高温、高压导管	引气系统高温、高压导管气体泄漏、导致部分系统受热，影响其他系统工作	如果发生泄漏，可以通过布置在发动机短舱内的引气调节关断活门隔离过热气源（可不考虑其对 APU GEN 影响）
		ATA 28 燃油系统	从燃油箱或燃油导管内泄漏出的燃油及燃油蒸汽	(1)泄漏的油气被火花或高温源点燃 (2)泄漏的燃油对其他系统的污染或腐蚀	考虑对 APU GEN 的影响

续表

区域编号	区域名称	系统编号及名称	危险源	危险描述	备　注
××	短舱区域	ATA 32 起落架控制系统	引气系统高温、高压导管	引气系统高温、高压导管气体泄漏、导致部分系统受热，影响其他系统工作	如果发生泄漏，可以通过布置在发动机短舱内的引气调节关断活门隔离过热气源(可不考虑其对 IDG 的影响)
		ATA 71 动力装置系统	发动机着火	发动机着火可能影响飞机电源系统、液压系统和环控系统等	考虑对 IDG 的影响
		ATA 29 液压能源系统	液压导管、其他液压附件	承载具有腐蚀性物质且液体泄漏时易造成周围环境恶化的装置	考虑对 IDG 的影响
		ATA 28 燃油系统	从燃油箱或燃油导管内泄漏出的燃油及燃油蒸汽	(1)泄漏的油气被火花或高温源点燃 (2)泄漏的燃油对其他系统的污染或腐蚀	考虑对 IDG 的影响
		ATA 24 电源系统	L IDG	转子破裂，飞出后损坏相关部件，影响区域与左发动机转子破裂雷同	专项分析
			R IDG	转子破裂，飞出后损坏相关部件，影响区域与右发动机转子破裂雷同	专项分析

表 7.7 电源系统区域安全性分析表

区域编号	区域名称	危险源	系统设备名称	设备故障模式	设备故障 a. 对系统的影响 b. 对飞机的影响	组合故障 a. 对系统的影响 b. 对飞机的影响	防护措施	安装的符合性结论及依据标准
××	电子电气设备舱	飞控蓄电池	RAT发电机接触器	铅酸溶液泄漏侵蚀设备，使得设备线圈短路、断路	丧失连接和断开功能或断开延迟加大；可能无法正常连接或故障时烧坏电机与用电设备。飞机潜在故障影响飞行	电源系统应急通道丧失	RGLC，ACETR，E TRUC均安装在应急电源控制盒中，从而避免其上架的飞控蓄电池腐蚀液体泄漏造成的影响	可将设备有效隔离 CCAR 25.1309(a)，CCAR25.1309(b) CCAR 25.1351(b) CCAR 25.1353(a)
			交流应急连接继电器应急	铅酸溶液泄漏侵蚀设备，使得设备线圈短路、断路	无法控制左、右通道之间向交流重要汇流条供电，应急供电系统丧失一个余度			
			应急变压整流器	铅酸溶液泄漏侵蚀设备，使得设备无法闭合或有效断开	直流重要转换汇流条丧失E TRU直流源；或者由于电流过大而损坏E TRU			
××	电子电气设备舱	飞控蓄电池	右应急接触器	铅酸溶液泄漏侵蚀设备，使得设备无法闭合或有效断开	右直流重要汇流条丧失一直流源	右直流通道丧失冗余电源	R ESSC，R ETR，R TRUC均安装在右电源控制盒中，从而避免其上架的飞控蓄电池腐蚀液体泄漏造成的影响	可将设备有效隔离 CCAR25.1309(a) CCAR25.1309b CCAR25.1351(b) CCAR25.1353(a)

续表

区域编号	区域名称	危险源	系统设备名称	设备故障模式	设备故障 a. 对系统的影响 b. 对飞机的影响	组合故障 a. 对系统的影响 b. 对飞机的影响	防护措施	安装的符合性结论及依据标准
××	电子电气设备舱	主蓄电池	主蓄电池接触器	主蓄电池内液体泄漏，腐蚀设备，使得设备无法闭合或有效断开	蓄电池充电时，若蓄电池接触器不能有效断开，则蓄电池充电电流过大，损坏蓄电池寿命；蓄电池放电时，若蓄电池接触器不能有效闭合，则主蓄电池无法向左直流重要汇流条供电	主蓄电池无法向左直流重要汇流条供电	主蓄电池接触器、主蓄电池熔断器、主蓄电池分流器均安装在蓄电池控制盒内，从而避免蓄电池液体泄漏的影响	可将设备有效隔离 CCAR25.1309(a) CCAR25.1309(b) CCAR25.1353(a)
			主蓄电池熔断器	主蓄电池内液体泄漏，腐蚀设备，使得熔断器断开	主蓄电池无法向左直流重要汇流条供电			
			主蓄电池分流器	主蓄电池内液体泄漏，腐蚀设备，使得分流器失效	主蓄电池无法向左直流重要汇流条供电			
			右发电机接触器	主蓄电池内液体泄漏，腐蚀设备，设备无法有效闭合或者断开	R IDG 无法有效接入供电系统，飞机丧失一正常交流电源	两个设备同时失效，则右交流汇流条失电，飞机供电安全等级降低	R GR，R ACTR 均属于 R PDA 的一部分，封闭安装，从而避免蓄电池液体泄漏的影响	有效隔离 CCAR25.1309(a)， CCAR25.1309(b)， CCAR25.1353(a) DO160D
			右交流互联接触器	主蓄电池内液体泄漏，腐蚀设备，设备无法有效闭合或者断开	丧失右通道与左通道的互联			

续表

区域编号	区域名称	危险源	系统设备名称	设备故障模式	设备故障 a. 对系统的影响 b. 对飞机的影响	组合故障 a. 对系统的影响 b. 对飞机的影响	防护措施	安装的符合性结论及依据标准
××	电子电气设备舱	液压管路接头	右发电机馈电线	短路、断路	R IDG 无输出	R IDG 无法向右主交流汇流条供电	电缆尽可能敷设在管路上方；有液压油的地方用硅橡胶卡箍	CCAR25.1351(b) CCAR25.1353(b)
		应急放起落架钢索		断路			尽量远离	
		副翼钢索		断路				
		飞行控制计算机		短路、断路			尽量远离；系统电路应有保护	
		襟缝翼控制单元		短路、断路				
		主蓄电池	左发电馈电线	短路、断路	L IDG 无输出	L IDG 无法向左主交流汇流条供电	尽量远离	CCAR25.1351(b) CCAR25.1353(b)
		前机外排放杆						
		废水排放管路	应急变压整流器	废水排放管路泄漏，废水凝结水滴，对设备造成腐蚀，引起设备无正常输出	直流转换汇流条丧失一直流源。应急情况下，直流重要汇流条只能由蓄电池供电	无	E TRU 是密闭结构，自身属于一热源，水滴不易凝聚	有效隔离 CCAR25.1309(a) CCAR25.1309(b)

续表

区域编号	区域名称	危险源	系统设备名称	设备故障模式	设备故障 a. 对系统的影响 b. 对飞机的影响	组合故障 a. 对系统的影响 b. 对飞机的影响	防护措施	安装的符合性结论及依据标准
××	前货舱	应急变压整流器	应急变压整流器	散热不畅，导致周围环境温度过高，影响 E TRU 无法正常输出	GCU 检测到 E TRU 环境温度超过规定温度范围，则断开 E TRUC，使得 E TRU 无法向直流转换汇流条有效输出 28 V 直流电而丧失一直流源。应急情况下，直流重要汇流条只能由蓄电池供电 ECIAS 信息："E TRU FAIL"，顶控板上的 E TRU 开关 "FAULT"灯亮，E TRUC 断开后后 "OPEN"灯亮	无	E TRU 散热片结构设计，同时自身集成有一个风扇，与 L TRU 保持有足够的距离。E TRU 有过温保护，系统控制 E TRU C 断开，将 E TRU 与工作的系统隔离，环境条件满足要求时，可恢复工作	CCAR25. 1309(a) CCAR25. 1309(b) CCAR25. 1351(b) CCAR25. 1353(a) CCAR25. 1309(a) CCAR25. 1357(a)(b) DO160D

7.6.2　特殊危险性分析

特殊危险性分析(PRA)是电源系统外的事件或影响，同时影响几个区域，譬如鸟撞、雷击等。

对于电源系统而言，鸟撞的潜在影响集中在顶部控制板，由于鸟撞可能导致顶部控制板上控制开关的电路故障，造成电源系统多个通道同时失效控制。顶控板上的开关可能有断路故障模式，若开关电路断路故障，则导致相关的控制开关丧失控制功能，如表 7.8 所示。

表 7.8　顶控板开关功能及故障影响

开关名称	开关功能	受影响的电源	断路故障
IDG SW	去励磁断开 IDG	IDG	不能手动关掉故障的 IDG
GEN SW	断开 GR	IDG	发电机状态不变,若发电机仍工作,则不能关掉 IDG;若发电机不工作,则不能重置 IDG
BUS TIE SW	ACTR 实现左、右交流互联功能	APU GEN	ACTR 的状态不变,若 APU GEN 已经工作,则 APU GEN 仍保持工作
APU GEN SW	将 APU GEN 接入或断开电源系统	APU GEN	无法将 APU GEN 接入电源系统
BATT SW	将 BATT 接入或断开	BATT	蓄电池接触器无法闭合

由此可见,顶部电源控制板严重破坏的后果是,丧失所有主交流电源和辅助交流电源,蓄电池可通过蓄电池控制器向重要汇流条供电。电源系统进入应急状态,由 RAT GEN 供电,保证关键用电设备工作,从而确保飞机最低安全飞行着陆。

发电机或者发动机转子爆破均会造成电源系统丧失一个交流电源,可通过互联实现供电,降低交流供电的冗余。若两台发电机或者发动机均发生转子爆破,则飞机丧失两台主交流电源,在有限条件下起动 APU,由 APU GEN 提供交流电,向有限的机载设备提供满足要求的交流电。飞机不会进入应急状态,确保飞机安全飞行。飞机的两台发动机驱动组合发电机的转子爆破的影响区域在发动机转子爆破影响区域范围内,具体分析在此从略。另外,闪电防护和电磁干扰对飞机电源系统的安全也是特别危险的,这里也不再分析。

7.6.3　共模分析

共模分析(CMA)是确定影响一个以上冗余通道故障的单点故障的违反者,软件、硬件、设备安装、环境因素都可能成为共模故障产生的因素。

左、右主电源通道的控制与保护由硬件、软件相同的 GCU 控制,共同的软件故障可造成对直流、交流接触器控制形成同样的故障模式,造成接触器不能正常工作,L GCU,R GCU 和 A GCU 软件的故障可能导致两台 IDG 和

APU GEN 丧失，使得飞机丧失所有正常交流电源，飞机进入应急供电模式。由于 RAT GCU 和 RAT GEN 的控制不同于主通道的 GCU 和发电机。主通道的 GCU 通过电子技术对主发电机和系统进行控制，RAT GCU 主要是通过模拟电路控制 RAT GEN 加热以及 RAT 测试的功能。在应急状态下，满足不低于空速 160Keas①，RAT 可通过自动、手动释放（ADCU 不含软件），为用电设备提供电源，可保证飞机最低安全要求。有关 GCU 软件、硬件故障造成系统功能失效的分析在此从略。

7.7 小　结

电源系统安全性评估过程是一个不断迭代、复杂的综合分析过程，根据 FHA 提供安全性设计的要求，为 FTA 的顶事件提供依据，同时 FMEA 的故障影响可作为 FTA 底事件项迭代计算。FMEA 和 FTA 分析的冗余要求作为 CCA 的依据，验证系统冗余的符合性；分析出的冗余违反者可作为 FTA 底事件重新评估系统安全性，以便验证系统的余度要求是否满足。经分析评估，电源系统安全性满足系统级和飞机级安全要求。

随着飞机安全性评估以及电源系统安全性评估工作的不断推进，电源系统安全性评估将不断完善，用以评估系统冗余违反者的故障影响，验证电源系统的安全性要求。

① Keas，节（当量空速），1Keas＝0.514 444 m/s（只用于航行）。

第八章　军用航空器适航性的发展

8.1　定义与内涵

适航性不仅是民用航空器的固有属性，同样也是国家航空器（军用、警察、海监、应急救援）的固有属性，欧美主要航空发达国家在军、民用航空器适航性方面都有相应的技术与管理要求。

军用航空器适航性能够保证军用航空器在实现其军事用途下的安全运行，并且这个属性是通过军用航空器性能验证得到确认，以适航性审查形式纳入军用航空器性能验证之中，并先于其他军用航空器性能验证工作开始（见图8.1）。

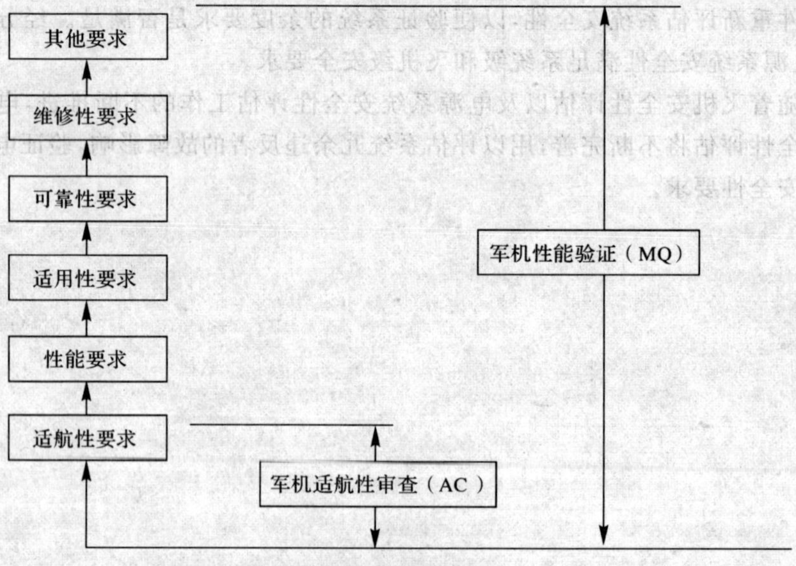

图 8.1　军用航空器适航性审查与性能验证关系

军用航空器性能验证（Military Qualification，MQ）是通过试验和试飞等手段，以确定军用航空器各项性能指标达到既定的要求。其主要目的是验证军用航空器在使用环境下完成性能指标的能力，其内容包括适航性、使用性能、可靠性、适用性以及维修性等方面所规定的要求。

军用航空器适航性审查(Airworthiness Certification,CA)是通过分析、设计、试验等手段,以确定航空器系统、子系统以及部件的适航性。其主要目的是验证航空器在规定的军事使用限制内是否具备满足运行安全的水平,其内容包括型号适航性审查验证准则所规定的要求。

20世纪80年代后期,美国军方提出了军用航空器适航性的概念,在军用航空器型号研制当中开始借鉴引入民用航空器适航性管理经验,以提高其军用航空器的安全水平;发展至20世纪90年代中后期,军用航空器适航性的概念基本成熟。

进入21世纪,世界各主要军事大国也正逐步认识到军用航空器适航性问题的重要性,在不断追求更高性能的同时,更加注重安全性要求。强调军用航空器"性能设计要求"与"适航性要求"融合,并将军用航空器适航性审查纳入军用航空器性能验证之中。

目前,美国、英国、法国、德国、意大利、西班牙、荷兰、波兰、加拿大、澳大利亚等国军方均已开展了军用航空器适航性工作,涉及有人驾驶/无人驾驶、固定翼/旋翼各类型军用航空器。

8.2　美国军用航空器适航性的发展

美国军用航空器的适航性要求是由航空器安全性技术发展演变而来的,它主要经历了如下五个阶段的发展:

1.事故调查阶段(20世纪20年代初期至40年代前期)

在该阶段主要以事故调查的方式应对航空器安全性。1922年是美国军用飞机事故发生率最高的一年,每10万飞行小时发生506次灾难性飞行事故。1943年美国正式实施飞行安全大纲,下降至64次灾难性事故。

2.事故预防阶段(20世纪40年代中期至60年代中期)

在飞机设计和制造中考虑安全性,采取飞行安全研究和技术检查工作;制定各种安全规章和条例;开展安全培训和推行标准化等措施。提出环境验收试验、工艺筛选、故障报告及纠正措施系统,导航及供电等关键系统采用双余度,对设计、质量控制大纲和试验大纲进行独立的安全性评审,使得每10万飞行小时发生灾难事故下降至40次。

3.实施系统安全阶段(20世纪60年代后期至80年代中期)

1969年7月,美国在空军规范MIL-S-38130的基础上,制定了军用标准《系统及其分系统、设备的系统安全大纲要求》(MIL-STD-882)。F-15、F-16战斗机、B-1战略轰炸机等型号的研制都开展了系统安全工作,包括制定系统安全性大纲、确定安全性设计要求、进行系统安全性分析、开展安全性设计与验证、进行系统安全性培训等。通过实施军用航空器灾难性事故率减半计划，从 20 世纪 70 年代中期每 10 万飞行小时灾难性事故发生 4 起以上，到 80 年代中期降低至 2 起以下。20 世纪 80 年代后期逐步开始研究“军用航空器适航性”。

4. 综合预防阶段（20 世纪 80 年代中期至 90 年代中期）

通过系统安全性和物理完整性（适航性）的全面实施，使军用飞机安全水平有了显著的提高，灾难性事故率不断下降。美国军用航空器灾难性事故率稳定在每 10 万飞行小时发生 1.5 起左右。

5. 军机适航性发展阶段（21 世纪）

为使军机灾难性事故率达到百万飞行小时率级。美国国防部于 2002 年 10 月颁布了《军机适航性审查准则》（MIL－HDBK－516）。在 2004 年 2 月、2005 年 9 月颁布了 A 版、B 版，其适用范围从原版只涉及空军扩大到 A 版、B 版涉及空军、海军、陆军；2008 年 2 月 29 日又对 B 版进行了修订。

在美国国防部《防务采办指南》（2004 年）中将整个武器装备型号研制划分为“细化方案、技术发展、系统研发和验证、制造与交付、运行和保障”五个阶段，其中明确了在“系统研发和验证”和“制造与交付”阶段系统工程的应用要求（见图 8.2）。

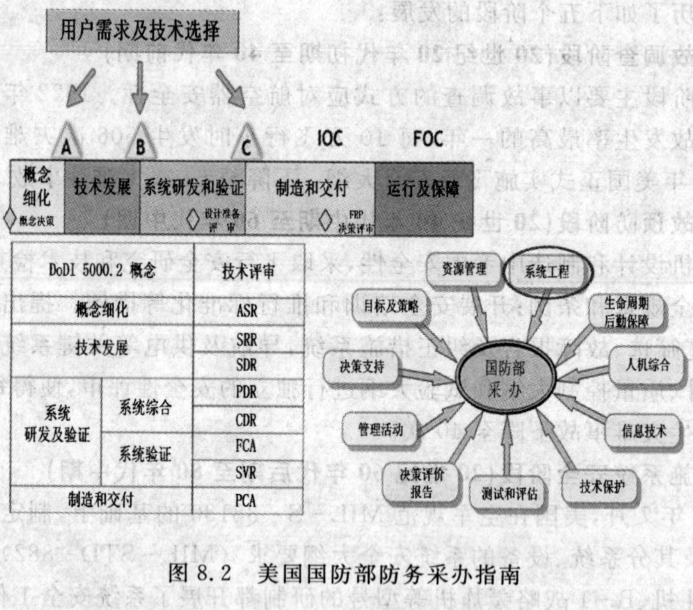

图 8.2　美国国防部防务采办指南

2008年，美国空军航空系统中心系统配套发布了《系统工程指南》，其中明确了在航空武器装备型号研制各个阶段过程中系统工程对“规范”和“基线”的控制管理要求（见图8.3）。

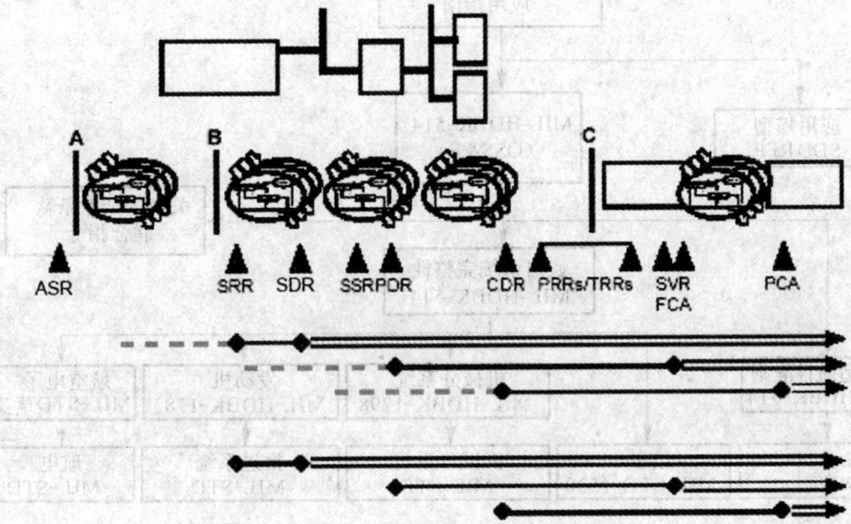

图8.3　美国空军系统工程规范与基线管理

在美国空军《系统工程指南》中对系统工程的核心（用户/使用方）、构成（人员、程序、产品）、要素（研发、制造、验证、交付、使用、保障、训练、处置）及功能（运行安全性/适应性/有效性OSS&E、可靠性和维修性、可生存性、电磁兼容性和电波频率管理、人机工效、系统安全性和健康危害性、系统保密性、可制造性、综合后勤保障、测试性与评估、综合诊断、可运输性、基础条件保障、其他功能特性）给出了详细定义和应用要求。其中作为系统工程的首要功能要求，将“适航性”和“完整性”要求纳入“运行安全性、适用性和有效性（OSS&E）”管理与控制范畴（见图8.4）。

此外，美国空军于2000年颁布了管理性文件AFPD 682政策指令《保证运行安全性、适用性和有效性（OSS&E）》，以及AFPD 62－6政策指令《美空军航空器适航性审查》。随后，美国国防部颁布了技术性文件《保证运行安全性、适用性和有效性（OSS&E）》[MIL－HDBK－514（2003）]，《武器系统完整性指南（WSIG）》[MIL－HDBK－515（2002）]以及《军用航空器适航性审查准则》[MIL－HDBK－516（2002）]，为其开展军用航空器适航性工作提供了具体技术标准手册指南。

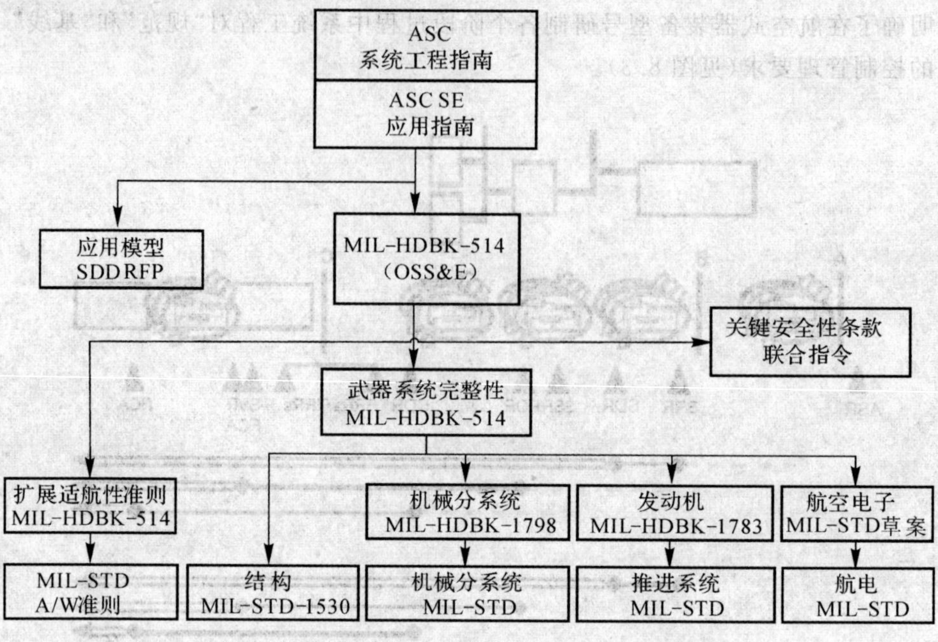

图 8.4 运行安全性、适用性和有效性(OSS&E)

在军机适航性工作体系中，首先应明确军机适航性的唯一责任主体；其次须建立军机适航性管理机构，颁布军机适航性政策、指令及程序；同时，须制订军机适航性审查准则、适航审查与验证计划，组建军方适航性审查员队伍，并将军机适航性验证纳入到总体性能验证工作之中；最终须由军机适航性最高管理机构批准军机型号适航性审查结论。因此，保证军机适航性审查体系独立性和完整性的核心是建立、健全军机适航性管理体制和适航性技术体系。

8.2.1 美国空军军用航空器适航性管理

美国各军兵种对其采办的或使用的各型军用航空器适航性审查负责，并颁布了相应的政策指令进行各型军用航空器适航性管理。

美空军对空军型航空器负有适航性审查责任，并在美空军政策指令《美空军适航性审查》(AFPD 62－6)中进行了规定。AFPD 62－6 规定了美空军对空军型航空器负有适航性审查责任；“军用航空器适航性审查准则控制委员会(AC^3B)”是空军最高级别的适航性管理部门，负责对空军型航空器或子系统、部件及其改型的适航性审查与批准。此外还规定了“美空军航空系统中心”和

“美空军适航性审查官员”的适航性工作职责。具体职责划分如下：

1.“适航性审查准则控制委员会”(AC^3B)

(1)制定和维护适航性审查准则。

(2)其成员由以下部门代表组成：

1)主管采办的空军助理部长(SAF/AQ)；

2)空军总部执行办公室/国际后勤/安全中心(HQ USAF/XOO/IL/SE)；

3)总部空军飞行标准局(HQ AFFSA)；

4)总部空军装备司令部(HQ AFMC)；

5)空军系统中心(ASC)；

6)电子系统中心(ESC)；

7)俄克拉荷马空军后勤中心(OC-ALC)；

8)奥格登空军后勤中心(OO-ALC)；

9)华纳罗宾斯空军后勤中心(WR-ALC)；

10)空战司令部(ACC)；

11)空军机动司令部(AMC)；

12)航空教育训练司令部(AETC)；

13)空军特别行动司令部(AFSOC)；

14)空军国民警卫队(ANG)；

15)空军预备司令部(AFRC)。

(3)由航空系统中心司令或指定代表担任主席，该主席拥有最终批准《适航性审查准则》的责任和权力。

(4)由主席确定召开相关会议的时间和地点。

(5)适航性审查准则控制委员会(AC^3B)向主席提出对适航性审查准则更改建议，并由主席最终批准。

(6)根据需要发布与飞行安全有关的信息。对于飞行安全技术问题和飞行安全相关事项，应与《安全调查与报告》(AFI 91-204)要求相协调。

2.“航空系统中心”(ASC)

(1)确定航空器改型的适航性判定指南，在必要时可提供其应用方面的支持。

(2)在适航性审查准则控制委员会(AC^3B)主持签署批准后，出版并颁发《适航性审查准则》以及召开任何时间的适航性审查准则控制委员会(AC^3B)会议。

(3)任命适航性审查准则控制委员会(AC^3B)的一名代表。该代表必须拥有一定的技术能力,以实施在有关适航性审查准则或委员会需考虑的任何更改等方面的技术判决。

(4)主持适航性审查准则控制委员会(AC^3B)日常工作。

(5)向适航性审查准则控制委员会(AC^3B)汇报适航性审查的符合情况。

(6)作为专门机构负责收集飞行安全相关信息,并向适航性审查准则控制委员会(AC^3B)所有成员分发。同时,为美空军安全中心(AFSC)工作,重点开展有关飞行安全问题对航空器适航性影响的研究。

3."军机适航性审查官员"(SM)

(1)进行军用航空器适航性审查,并以文件形式给出《适航性审查准则》的符合性方法。

(2)对军用航空器临时性或永久性的更改《军用航空器维修管理》(AFI21-101)中所定义的进行适航性审查,并以文件形式给出《适航性审查准则》的符合性方法。

(3)军用航空器技术指令中的持续适航性指令。

(4)可向美空军装备司令部(AFMC)的试验中心、试验机构和实验室委派飞行安全判定专家。

(5)保持和管理用于支持适航性审查的数据和军用航空器构型资料。

(6)将《适航性审查准则》的实际应用情况向适航性审查准则控制委员会(AC^3B)进行反馈,并提出对适航性审查准则的更改建议。

(7)在首次飞行前,应确实表明飞行安全判定是符合美国航空系统中心(ASC)指南要求并形成文件。

(8)在进行审查和飞行安全判定时,应取得设备制造商(OEM)和/或主承包商的相关说明文件。

(9)在试验和评估主计划中应包括飞机适航性审查准则的验证工作。

8.2.2 美国陆军航空器适航性管理

美国陆军对陆军型航空器负有适航性审查责任,并在美国陆军条例《飞机系统适航性审查》(AR 70-62)中进行了规定。AR 70-62 规定了美国陆军有人驾驶和无人驾驶航空器系统、子系统、设备及其改型的适航性鉴定的政策、责任、过程和程序,明确了美陆军对陆军型航空器负有适航性审查责任。"美国陆军航空与导弹司令部"是陆军最高级别的适航性管理部门,负责陆军型航空器或子系统、部件及其改型的适航性审查与批准。此外,还规定了"美国陆军航空与导弹司令部”和“美国陆军物资司令部”的适航性工作职责。

1. 美国陆军航空和导弹司令部

(1)制定和执行航空器系统、子系统及相关设备经充分协调的适航性鉴定大纲。

(2)评审所有计划的影响适航性的陆军航空器发展项目，货架产品采购，系统、子系统和相关设备的改装，建立适航性审查要求。

(3)与目击或确认符合性数据有效性和文件化的机构确定和协调试验要求。

(4)同意航空器系统、子系统和相关设备适航性审查需要的单个文件的工程批准。

(5)与适用的飞行包线和特定的运行及维修说明一起，颁布陆军试验或运行适航性放行的正式通告和申明陆军材料放行的适航性鉴定。通告内容包括：

1)批准系统技术手册中的所有鉴定数据，包括这些资料电子形式在飞行、策划和维修装置中的复制。

2)程序、预防、警告、限制和性能数据。

(6)通过系统安全性工程的实际应用确保最大程度的安全性。

(7)在进行陆军适航性鉴定和持续适航活动(除特定的授权外)，应与工程监督部门和委托的局方一起建立并保持一个独立的适航性办公室。在执行陆军航空材料鉴定或者合格审定任务时，在陆军和其他机构(例如联邦航空管理局、美国航空航天局、美国空军和美国海军)之间提供联系渠道。

(8)根据原型机或单个航空器系统(现场应有满足局方要求的足够的程序和航空器系统的工程监督)的任务要求，进行合适的局方委托。

2. 美国陆军物资司令部

(1)训练陆军适航性鉴定监督人员。

(2)保证航空器系统的产品改进方案(PIP)，方案的主要内容是适航性鉴定工作。

(3)在产品适航性批准发布之前，保证批准航空器系统的技术状态(构型)与适航性一致，包括正式的改型工作指令(MWO)。

8.2.3　美国军用航空器适航性技术体系

一、美国空军航空器适航性技术要求

美国国防部于2002年10月颁布美国国防部手册《军用航空器适航性审查准则》(MIL－HDBK－516)，随后连续在2004年2月颁布了A版。2005年9月颁布了B版。其适用范围也从原版只涉及空军扩大到A版。B版已涉及空军、海军、陆军。2005年9月美国国防部颁布《军用航空器适航性审查准则》手册(MIL-HDBK-516B),规定了美国固定翼/旋翼、有人驾驶/无人机各类型军用航空器适航性的通用要求。该手册是工程管理者、总工程师和主承包商联合定义各类型军用航空器适航性审查基础的顶层文件,并应根据具体型号研制要求进行剪裁,形成具体的型号适航性审查准则要求。此外,MIL-HDBK-516B手册于2008年2月29日发布了第一次换版更改(Chang 1),从其换版更改的频度可以看出美国国防部对其军用航空器适航性的关注重要程度。

1. FAA order 8110.101 附录F:MIL-HDBK-516背景介绍

(1)MIL-HDBK-516的目的。《军用航空器适航性审查准则》(MIL-HIIBK-516)可以用于确定所有军用有人驾驶和无人驾驶的固定翼和旋翼航空器系统的适航性。军方使用MIL-HDBK-516作为对航空器所有适航性方面以及系统安装的指南,建立适当的评估准则,它可以从军方的角度出发,勾画出了航空器主要结构和系统级别航空器部件总的适航性评估准则。

(2)MIL-HDBK-516的使用者。军用适航性手册被批准用于国防部的所有部门和机构。MIL-HDBK-516是军用系统大纲管理者、主任工程师和订约人共同使用的一个基础性文件,用于确定军用航空器的适航性审查基础。

(3)军用审查基础。MIL-HDBK-516准则可以被剪裁制定新的军用平台(military platform)的适航性准则和军用审查基础。当适航性判定是必要的时候,在航空器寿命周期内的任何时候详细的军用审查基础都可以被使用和按要求剪裁,尤其是在对基线进行更改时。

(4)军用审查基础中使用的民用标准。订约人能够使用MIL-HDBK-516中参考的技术指南文件建立一个新的军用航空器(尤其是开发的军用航空器没有民用的部分)的军用规范。对于军方购买的现役商业航空器,FAA民用适航性标准应用于军用商业派生航空器(MCDA)型号审查,除非军用改装不切实际地符合民用要求。如果存在这样的例子,订约人可以使用现行的对于改装的军用准则,或为单个航空器型号通过编制适用的特殊的要求建立新的准则。订约人可以按照这个程序为新的航空器建立军用审查基础。产生的适航要求可以用作合同的详细内容。通过MCDA与相似民用航空的任务对比,FAA适航性要求可能满足了大多数MIL-HDBK-516适航性准则的要求,而不是全部。因此,MCDA的审查基础可以使用大部分民用合格审定基础的基线。

(5)剪裁的适航性审查准则(TACC)。当一个新的航空器平台被军方购买时,MIL-HDBK-516可以作为适航性要求的开始点。不是所有的MIL-

HDBK－516适航性准则条款均可应用于每一个型号的军用航空器或后续的改装。当平台具有唯一性时，先前未定义的准则必须加入对唯一构型的全部安全性要求。因此，整套MIL－HDBK－516准则被裁减确定成一套完整、适用的适航性准则来建立系统的审查基础。军用审查基础将严格按照构型控制。军用审查基础被当做剪裁的适航性审查准则（TACC）。MCDA的TACC通常非常接近于军民用通用规范。军用用于制定TACC的规章：

1）识别每一条准则为适用或不适用，考虑系统或产品的复杂性、型号、数据和潜在用途对每一条不适用准则的识别。

2）不要以任何方式删除或修改适用的准则。然而，如果适用准则的部分要求不被应用，需要识别适用和不使用的部分进行剪裁。

3）对特定的可测量参数增加更多的适用准则，适当的话，增加适航性要求确定的数值。

（6）改装适航性审查准则（MACC）。对于服役航空器的改装将会影响航空器的适航性时，军方可以要求建立改装适航性审查准则（MACC）。如果适当，军用大纲办公室将为任何能力或系统开发额外的准则，不需要全面陈述或包含于MIL－HDBK－516的TACC。该准则可能被删减至改装需要的评估的准则。TACC或MACC的准备和最终可接受性指南被在订约人/申请者/改装者和负责的军用PM组织之间协调。

当具体军用航空器型号使用MIL－HDBK－516B时，应对整套准则进行剪裁，以得到一套适用的、完整的适航性准则，建立型号适航性审查基础。适航性审查基础应在严格的构型控制之下完全被证明的和保持。适航性审查准则的剪裁原则：

1）应考虑系统或产品的复杂性、类型、数据和既定用途，来确定每一条条款适用或不适用，不适用时应提供不适用条款的证明文件。

2）适用条款不能够以任何方式被删除或修改。如果适用条款的一部分不被采用，应区别适用和不适用部分，并提供其证明文件。

3）适当时，可补充适用的条款要求，条款应具有专用定量化参数指标（例如，在适航性要求定义时增加参数化指标）。

4）对于某种功能或系统，在本手册中不能找到完全对应的条款时，可以适当地提出额外的准则条款。

MIL－HDBK－516B的主要内容包括系统工程、结构、飞行技术、推进系统和推进系统安装、航空器子系统、机组人员系统、诊断系统、航空电子、电气系统、电磁环境效应、系统安全性、计算机资源、维修、武器/外挂综合、乘客安全性以及材料等，共计近900项适航性审查条款。适航性审查条款的内容是以美国军用标准规范的技术要求为基础，剪裁引用美国联邦航空适航条例的条款要求而形成。采取三种形式分别构成各审查条款要求，引用军用标准规范的技术内容“A”类，引用联邦航空适航条例的条款内容“B”类，同时引用军用标准规范和联邦航空适航条例的内容“A＋B”类(见图2.2)。该准则共引用的美国国防部联合服务规范指南(JSSG)、美军标准规范(MIL-STD)、美军设计手册指南(MIL-HDBK)以及其他行业协会标准规范等技术文件220多项。

2. MIL-HDBK-516B的支持标准和技术文件

MIL-HDBK-516作为美国军用航空器通用适航性技术要求，在其B版中引用了220多项支持性标准和技术文件，主要包括：

(1)美国联合服务规范指南(JSSG)。美军军用标准MIL-HDBK-516B共引用了除JSSG-2011之外的其余8项JSSG文件。

联合服务规范指南(JSSG)可以用来指导承制方与订购方编制航空分系统及其产品的型号规范(剪裁形成)，是制定项目专用规范(相当于我国的型号规范)的指南，其主要目的是为产品性能规范的编制提供统一的模板。

按照规范对象的不同，可将JSSG系列标准分为三个层次，目前各层次的相关标准主要有：

第一层：《航空器系统》JSSG-2000 B。

第二层：《航空器》JSSG-2001 B。

第三层：《航空电子子系统》(JSSG-2006)、《飞机结构》(JSSG-2006)、《航空发动机》(JSSG-2007A)、《航空器控制与管理系统》(JSSG-2008)、《航空航空器子系统》(JSSG-2009)、《乘员系统》(JSSG-2010)、《机舰适配性》(JSSG-2011)。

每份JSSG文件的主要内容都由两大部分组成：

第一部分是为制定型号规范而编制的带有空格的模板。

第二部分实际上是一本手册，其中的条款均与第一部分的条款相对应，并包含理由(填写内容的理由和必要性)、指南(选用条件或限制条件)和经验(填写的经验数据及选取原则)等方面内容。

(2)美国军用规范(21项)。MIL-HDBK-516B中共计引用了21份美国军用规范。

(3)美国国防部手册(24项)。MIL-HDBK-516B中共计引用了54份美国国防部手册。

(4)空军技术文件(15 项)。MIL - HDBK - 516B 中共计引用了 15 份空军文件。大部分为空军政策指令性文件 AFI 和 AFPD。

(5)陆军航空设计标准(18 项)。MIL - HDBK - 516B 中共计引用了 17 份空军文件。其中除 1 份文件陆军条例外,其余 16 份文件均为陆军设计标准。

(6)海军文件(7 项)。MIL - HDBK - 516B 中共计引用了 7 份海军文件。其中包括海军航空要求 2 份;海军航空系统司令部指令文件 3 份;海军海上司令部指令 2 份。

(7)美国联邦航空局(FAA)适航性技术文件。MIL - HDBK - 516B 中共计引用了 FAA 文件 49 份。其中,主要引用文件包括:FAR 引用了 6 份;AC 引用了 35 份;TSO 引用了 4 份。

FAA 是美国的民用适航当局,代表国家在国际民用航空领域有很强的权威性。其主要适航管理文件包括:

1)联邦航空条例(FAR):属于国家的法律法规性文件,是开展适航管理的依据性文件。

2)技术标准规定(TSB):是对航空器上机载设备规定的最低可接受的性能标准。

3)咨询通报(AC):是 FAA 接受的一种符合性验证方法,用于指导适航验证活动;

4)指令(Order):用于指导 FAA 内部人员工作的文件。

(8)美国电气和电子工程师协会(IEEE)标准。MIL - HDBK - 516B 中共计引用了 4 项 IEEE 标准,其中 EIA 标准 3 项,IEC 标准 1 项。

IEEE 是于 1963 年 1 月 1 日由美国电气工程师学会(AIEE)和美国无线电工程师学会(IRE)合并而成的,它是美国规模最大的专业学会。自成立以来 IEEE 一直致力于推动电工技术在理论方面的发展和应用方面的进步。作为科技革新的催化剂,IEEE 通过在广泛领域的活动规划和服务支持其成员的需要。

IEEE 的标准制定内容有电气与电子设备、试验方法、原器件、符号、定义以及测试方法等。

(9)美国航空无线电技术委员会(RTCA)标准。MIL - HDBK - 516B 中共计引用了 10 项 RTCA 标准,其中 DO 标准 9 项;SC 标准 1 项。

美国航空无线电技术委员会(RTCA)成立于 1935 年,是一个以非营利为目的的民间机构,主要研究和制定有关通信、导航、监督和空中交通管理等方面的标准。由于RTCA不是美国政府的官方组织，因此除非经美国联邦政府中具有相应权限的机构确认，RTCA的文件的推荐内容不可以视为美国官方的方针、政策。但实际上RTCA的许多标准已经得到了美国联邦政府相应机构的认可。

(10)美国机动车工程师协会(SAE)标准。MIL－HDBK－516B中共计引用了17项SAE标准，其中AS标准4项，ARP标准10项，AIR标准3项。美国机动车工程师学会(SAE)成立于1905年，其研究范围包括飞机、发动机、材料、制造以及其他运输工具标准。SAE所制订的标准具有权威性，被各相关行业广泛采用，并有相当部分被采用为美国国家标准。SAE制定的与航空工业相关的标准主要包括：

1)AS标准：为宇航标准。

2)ARP标准：为航空推荐实施标准，属于技术方法类标准。

3)AIR标准：为航空信息报告，主要是一些技术信息。

《军用航空器运行的安全性、适用性和有效性(OSS&E)》(MIL－HDBK－514)。

美国军用标准手册MIL－HDBK－514属于美国军用航空器系统工程中主要的管理性文件，也是系统工程中的重要一环，它作为应用系统工程管理，保证了飞机系统和成品(包括装备、武器、训练系统、模拟器、基地系统等)在作战使用中持续提供安全。持续支持和可接受的性能，它包括建立安全、适用有效(OSS&E)的基线和在寿命周期内保持OSS&E的基线。在MIL－HDBK－514的中，包括了系统工程要求的“武器系统完整性”和“军用航空器适航性审查准则”。MIL－HDBK－514对MIL－HDBK－515和MIL－HDBK－516的具体工作的开展起到了指南性作用。

3.《武器系统完整性大纲》(MIL－HDBK－515)

《武器系统完整性大纲》(MIL－HDBK－515)颁布于2002年10月，该指南突出了三部分要求：

(1)综合了不同的完整性过程的工作，即飞机结构完整性大纲(ASIP)、发动机结构完整性大纲(ENSIP)、机械设备和子系统完整性大纲(MECSIP)和航空电子/电气完整性过程(AVIP)。

(2)对特定的完整性过程工作任务与其他相关的系统工程规定要求进行整合和协调。

(3)更加突出强调对寿命周期的支持。

《武器系统完整性大纲》(MIL－HDBK－515)是飞机结构完整性大纲(ASIP)、发动机结构完整性大纲(ENSIP)、航空电子设备完整性大纲(AVIP)等各专业完整性大纲的顶层文件，是由美国军方编制的手册。武器系统完整性的建立是为了保证武器系统的耐久性和可靠性，采用技术上更严密的方法，强调早期注意设计准则和分析，要求权衡分析和试验的一个完整过程。完整性是可行性、维修性、质量、可生产性、寿命、可保障性和可用性度量的综合。武器系统完整性还提供增强系统完整性水平的工程实践、工具集和程序以提高系统使用期间的安全、适宜和有效。武器系统完整性是一个集成过程，通过该过程操作安全性、适宜性、有效性(OSS&E)和适航性得以实现。

二、美国陆军航空器适航性技术要求

《旋翼及固定翼航空器适航性验证手册》(ADS－51－HDBK)是陆军航空器的适航性验证过程及适航性验证文件编制的指南性文件。该手册对适航性验证的目的、内容和各验证科目条款进行了详细的分析；指出了航空器适航验证的相关环节要素；阐明了系统安全管理方面的细节过程、分析方法、问题分类及解决手段、安全管理计划及试验技术；提出了适航技术评估、数据资料文件化的典型要求；并对诸如软硬件质量保证、仪器校准等适航验证保证措施提供了指导；给出了应用在适航性验证过程中的典型建模方法和仿真技术；明确了针对航空器系统、子系统及零部件适航验证要求和程序；描述了航空器防腐蚀性、机载操作兼容性、后勤战损评估及维修、地面支持设施等有关运行准备情况验证的具体要求；同时指明了官方及承包商的试验目的、范围和内容，其主要内容包括适航验证项目，系统安全性，技术评审，数据及文件编制，适航验证保证，建模，元件验证，子系统验证，系统验证，运行准备工作验证，官方试验，附录共计12部分内容。

此外，该手册对于适航验证中的关键要素—适航验证计划及适航验证规范进行了具体的描述：

(1)适航验证计划(AQP)的作用是将航空器的技战功能要求和军方的采购政策需要转化成航空器的性能与有效性准则，计划中定义了适航验证要求的航空器设计准则、性能及限制要求，给出了确定航空器是否适航及是否满足用户需求的手段方法和程序。AQP的内容包括：

1)要求的评审。

2)给予给定要求的性能描述。

3)系统安全任务。

4)分析、建模、试验、测量及演示任务。

5)实物模型及仿真要求。

6)采购、材料及过程规范要求和验证。

7)针对功能、结构、环境、耐久性、实验台和生存能力的试验。

8)相似产品验证的规定。

9)软件验证与确认。

10)RAM 试验与演示。

11)综合后勤支援。

12)官方进行的试验。

(2)AQP 中还给出了为完成试验需要的试验规范、配套设施及试验管理和文件编制的要求。

适航验证规范(AQS)是根据适航验证计划(AQP)及合同要求数据清单的要求编制的。AQS 应指定有关评审、分析、试验、建模及演示的详细方法手段,同时给出有关性能及有效性的详细准则以验证航空器是否符合系统规范及 AQP 的要求。该规范的主要内容有:

1)系统安全性。

2)设计评审及设计草图放行。

3)实物模型。

4)采购与程序规范。

5)元件测试。

6)系统测量。

7)承包商的正式演示。

此外,该规范明确了技术评审的周期及数据资料归档的要求,指出了验证保证方面的措施以及有关建模、元件试验、系统及子系统验证的详细过程。

8.2.4 美国军用航空器型号的适航性工作

1. 适航性在军用航空器型号中的应用

适航性关注航空器的安全,不是结果检查,而是通过对型号全寿命的过程控制来保证适航性。因此,军用航空器型号的适航性工作涉及包括航空器概念定义、技术开发、系统开发与验证、生产和部署以及运行和支持在内的整个寿命周期(见图 8.6)。

型号研制阶段,在签订采办合同时需要制定型号适航性审查准则,作为性能验证要求的一部分纳入合同。适航性审查准则的主要内容包括:材料、物理完整性、系统安全性、人员操作、维修、运行、环境等方面的安全要求。适航性审查准则又是型号研制各专业技术中安全要求(包括设计、使用、维修和飞行安全)的集中系统体现,需通过审查方式进行核实。

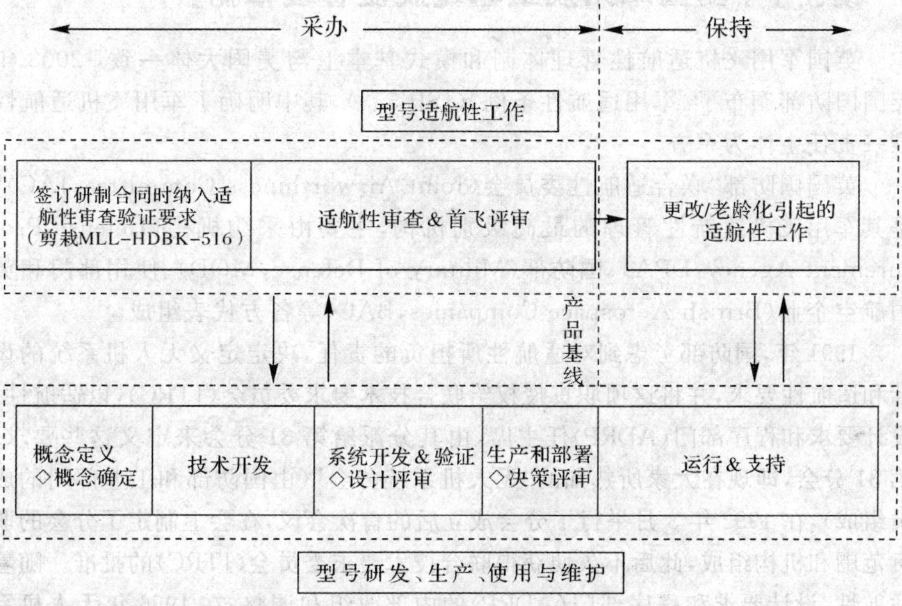

图 8.6　军用航空器型号适航性工作范围

2. 美国军用航空器型号的适航性审查

美国对于 F-15 和 F-16 等型飞机再改型时需统一进行军用航空器适航性审查工作。对于第四代战机,美军在 F-22 原型机 4 002 架上进行了基础适航性的飞行验证工作,并且所配备的 F119-PW-100 型发动机也通过了美空军航空系统中心(ASC)的适航性审查。随后在 F-35A/B 型号研制中通过分析与试验等工作来验证适航性审查和结构完整性等方面的要求。

美军 RQ-4A——"全球鹰"无人机——在 2006 年 1 月 25 日通过美国空军军机适航性审查。该机型是第一个通过军机适航性审查的无人机型号,整个适航性验证过程历经 3 年,耗费了 77 000 人·时,开展了 500 多条适航性审查准则的评估与验证,最终空军确认其具有安全、可靠的使用性能。

8.3 英国军用航空器适航性

8.3.1 英国军用航空器适航性管理体制

英国军用飞机适航性管理体制和模式基本上与美国大体一致，2003 年英国国防部颁布了《军用适航性条例》(JSP 553)，其中明确了军用飞机适航性唯一责任主体为军方。

英国国防部“联合适航性委员会(Joint Airworthiness Committee，JAC)”是其军用飞机适航性管理的最高级别机构，主要由采购机构(Defense Procurement Agency，DPA)、国防部(Military of Defense，MOD)、使用部门和英国航空企业(British Aerospace Companies，BAC)等各方代表组成。

1991 年，国防部考虑到对适航性所担负的责任，决定定义无人机系统的设计和适航性要求，并将这项职责授权给联合技术要求委员会(JTRC)，以适航性、设计要求和程序部门(ADRP)任主席，由其分派给第 31 分会来定义这些要求。第 31 分会，即现在大家所熟知的“无人机系统分会”(由国防部和工业部门的成员组成)，在 1992 年 3 月举行了分会成立后的首次会议，在会上制定了分会的职责范围和机构组成，此后不久便获得联合技术要求委员会(JTRC)的批准。随着适航性、设计要求和程序部门(ADRP)的内部改组和调整，在 1996 年无人机系统职责被划归在联合适航委员会(JAC)之下。由于无人机与有人机的系统设计要求关系密切，标准化管理局同意将无人机系统的设计要求作为国防标准 00 - 970 的一部分。国防标准 00 - 970/9 的起草和协调责任归属于国防部空军/陆军技术组所属的负责适航性、设计要求和程序部门(ADRP)。

JSP 553 为英国国防部飞机适航性规章的详细资料，文件供关心国防部飞机项目赞助、军用飞机放行的编写、服务偏离和其他操作或工程类服务发生更改方面政策方针的参谋使用。2003 年 7 月 1 日之前，军方适航规章发布在 JSP 318B 第四版的 AL 2 部分。JSP 318 B 作为军用航空规章文件系列(MARDS)的一部分重新出版，JSP 553 第一版政策方针内容与 SP 318 B 第四版的 AL 2 部分一致。其中 MARDS 包括：

1)JSP 550 军用航空政策方针、规章和指令(以前的 JSP 318)。

2)JSP 551 军用飞行安全性规章(以前的 AP 3207)。

3)JSP 552 军用航空业务规章(以前的 JSP 318A)。

4)JSP 553 军用适航规章(以前的 JSP 318B)。

5)JSP 554 军用航空机场标准和规范(以前的 JSP 455)。

6)JSP 556 军用试飞规章(以前的飞行指示指令)。

7)JSP 558 军用航空外交审批和许可(以前的 AP 1158)。

8.3.2　英国军用航空器适航性技术体系

英国军用航空器设计与适航性要求标准规范经历了两个重大阶段的变迁,从 1928—1924 年《强度计算手册》(AVP 970)以及 1959—1983 年 DEF《军用航空器设计要求》(STAN 00 - 970)仅关心军用航空器性能方面的要求,到 1990—2007 年系列规范《军用航空器设计与适航性要求》(DEF STAN 00 - 970)全面关注军用航空器性能与适航性方面的要求。

英国国防部 2006 年、2007 年陆续颁布的《军用航空器设计与适航性要求》(DEF STAN 00 - 970)系列标准规范,其内容涵盖了固定翼/旋翼航空器、有人驾驶/无人驾驶各类型航空器,共分为格斗型飞机、小型飞机(待颁布)、大型飞机(待颁布)、无人机、发动机、机载设备等 9 个分部设计与适航性要求以及应用指南(见图 8.7)。可在此系列标准规范的基础上,综合考虑英国国防部采办策略以及型号研制总体技术方案,剪裁确定适用的具体型号适航性审查准则要求。

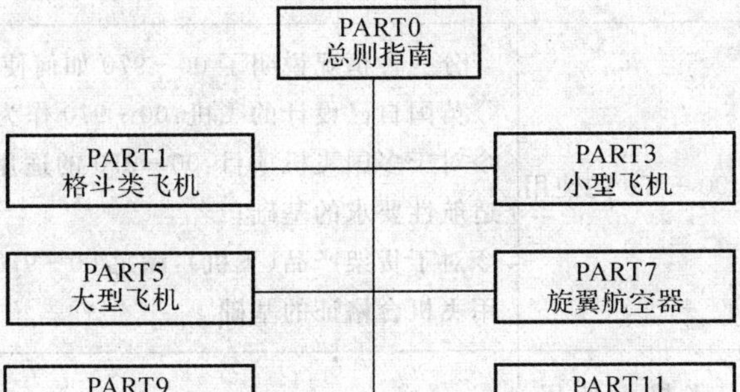

图 8.7　英国防部军用航空器设计与适航性要求规范文件体系

如上所述,DEF STAN 00 - 970 的 9 份文件组成:其中 PARTO 为指南性文件,其他 8 个文件适用于不同类型的产品,具体为战斗机、小飞机、大飞机、旋翼机、无人机、发动机、军用设备和没有军用要求的设备。各文件的介绍如下:

1.《使用程序、内容和定义》(00－970 PART 0)

《使用程序、内容和定义》(00－970 PART 0)是《军用航空器的设计与适航性要求》(00－970)系列文件的使用指南。它本身不应该是英国军用飞机适航性技术体系的技术内容,它对英国军用飞机适航性技术体系进行了指南性描述。

此文件由 6 个部分(section)和 5 个附录组成,详见表 8.1。

表 8.1　00－970 PART 0 目录

第一部分	总则	0 说明 1 范围 2 警告 3 相关文件 4 定义
第二部分	00－970 的格式	在本部分对 00－970 中涉及的 8 类军用飞机(含其设备)进行了定义。其中: ◇PART3 的小飞机指的是军队使用的满足 JAR 23 要求的飞机; ◇PART5 的大飞机指的是军队使用的满足 JAR25 的飞机
第三部分	00－970 的使用	分三种情况说明了 00－970 如何使用: ◇英国自己设计的飞机:00－970 作为合同要求; ◇对于多国飞机项目:00－970 的适用部分作为英国适航性要求的基础; ◇对于货架产品(飞机):满足 00－970 是颁布英国军用飞机合格证的基础
第四部分	飞机上使用的设备的验证	应满足 DEF STAN 05－123 或等效要求
第五部分	00－970 修改程序	每年修改。由英国国防航空安全委员会批准
第六部分	00－970 版本状态	简述了从 00－970 每个版本的修改情况(从第 2 版到现在的第 5 版)

续表

附录 A	00－970 各部分目录表	从 PART 1 到 PART 15 共 8 份文件的目录
附录 B	引用的北约 NATO 的标准	53 个 STARNG 标准。按标准号和标准名称两种格式排列
附录 C	引用的英国国防部标准	227 个 DEF STAN 标准
附录 D	美国军用规范	待补充
附录 E	定义	158 个

2.《战斗机》(00－970 PART 1)

此类飞机指军用固定翼飞机。典型的飞机如：有进攻/防卫能力的高机动快速喷气飞机。00－970 PART 1 由两部分组成：散页(leaflet 散页的每一部分无标题)和条款。00－970 PART 1 的散页目录共 9 个部分 285 个散页，详见表 8.2。

8.2　00－970 PART 1 散页目录

第一部分	2 个散页
第二部分	66 个散页
第三部分	41 个散页
第四部分	95 个散页
第五部分	15 个散页
第六部分	34 个散页
第七部分	4 个散页
第八部分	无散页
第九部分	28 个散页
每部分的第一个散页都是此部分的“引用文件目录”	

00－970 PART 1 的条款目录。共 9 个部分 104 个条款，详见表 8.3。

表 8.3　00－970 PART 1 条款目录

第一部分　总则	
1.1	一般要求
1.2	一般飞行试验要求
第二部分　飞行	
2.1	一般要求和定义
2.2	一般飞行试验处理要求
2.3	一般处理
2.4	起飞和初始爬升
2.5	飞行起落、进场、着陆和复飞
2.6	纵向配平、稳定性和操纵
2.7	飞行和机动包线限制的证明
2.8	横向和航向配平、稳定性和限制
2.9	快速滚转/滚转耦合
2.10	失速附近的行为
2.11	升力边界
2.12	螺旋
2.13	特技机动
2.14	发动机失效影响
2.15	系统失效的影响
2.16	自动飞行操纵系统和飞行导引仪
2.17	一般处理

续表

2.18	空中加油
2.19	VSTOL 飞机的特定试验
2.20	结冰性能
2.21	纵向飞行品质
2.22	横向和航向飞行品质
2.23	结构和设备对噪音和振动的要求
2.24	失速、失速后旋转、螺旋和其他飞行品质
2.25	VSTOL 飞机的处理要求
	第三部分　结构
3.1	静强度和变形
3.2	疲劳
3.3	对称机动
3.4	不对称机动
3.5	突风载荷
3.6	高升力装置和减速板
3.7	压力座舱
3.8	自旋和旋转恢复
3.9	操纵系统
3.10	主动控制系统
3.11	地面处理的强度
3.12	地面露天系留
3.13	闪电防护

续表

第四部分：设计和结构	
4.1	一般详细设计
4.2	飞机零件的标识
4.3	结构保护
4.4	可接近性、可维修性和可使用性
4.5	材料强度性能
4.6	材料工艺和加工
4.7	铸造
4.8	气动弹性、颤震和振动
4.9	鸟撞损伤
4.10	操纵系统
4.11	小车式起落架设计
4.12	机论、轮胎和刹车
4.13	粗糙地面上运行
4.14	前机论导航
4.15	机组位置——一般要求
4.16	驾驶员位置——一般要求
4.17	视野
4.18	光学透明部件
4.19	驾驶舱操纵
4.20	门
4.21	座椅、卧铺、安全带和背带

续表

4.22	坠撞着陆和机头着地
4.23	应急设施
4.24	通风和加热
4.25	压力空气导管
4.26	火警
4.27	电气耦合
第五部分　动力装置	
5.1	总则
5.2	燃油系统
5.3	滑油系统
第六部分　设备	
6.1	总则
6.2	航空电子设备地安装
6.3	静压系统
6.4	磁性罗盘地安装
6.5	自动驾驶仪系统
6.6	电气系统
6.7	灯
6.8	安全设备
6.9	防冰
6.10	安全关键系统地电磁兼容
6.11	液压系统

续表

6.12	气动系统
6.13	氧气系统
6.14	压力燃气储藏箱
6.15	数据记录系统
第七部分　使用限制和信息	
7.1	使用限制
7.2	气候
7.3	飞机性能
7.4	运行颜色和标识
7.5	飞机性能地提供
7.6	电子驾驶舱文件化
第八部分　燃气涡轮辅助动力装置地安装	
第九部分　特定军用系统	
9.1	武器安装——总则
9.2	武器控制系统——电力操纵
9.3	机枪地安装
9.4	爆炸装置地安装
9.5	空中加油
9.6	捕捉钩
9.7	失速和螺旋中恢复的应急系统的安装
9.8	目标导引安装

续表

9.9	降低电池的易损性
9.10	机组人员对常规武器的防护
9.11	对原子爆炸、激光武器、生化武器制剂的防护
9.12	机载设备的安装
9.13	着陆伞的安装

3.《小型飞机》(00－970 PART 3)

此类飞机指军队使用的类似民用的 JAR 23 部的小型固定翼飞机。此类飞机的军用适航要求还没有公布。适航要求分为 9 个部分(类似战斗机),简单说明见表 8.4。

表 8.4　00－970 PART 3 目录概要

第一部分	总则
第二部分	飞行
第三部分	结构
第四部分	设计和结构
第五部分	动力装置
第六部分	设备
第七部分	使用限制和信息
第八部分	燃气涡轮辅助动力装置的安装
第九部分	特定军用系统

4.《大型飞机》(00－970 PART 5)

此类飞机类似按 JAR 25 部设计的飞机增加军事用途,例如作为加油机、战略/战术运输机。此部分要求还没有公布。要求结构类似战斗机和小型飞机,详见表 8.5。

表 8.5　00 - 970 PART 5 目录概要

第一部分	总则
第二部分	飞行
第三部分	结构
第四部分	设计和结构
第五部分	动力装置
第六部分	设备
第七部分	使用限制和信息
第八部分	燃气涡轮辅助动力装置的安装
第九部分	特定军用系统

5.《旋翼机》(00 - 970 PART 7)

旋翼机的要求由散页组成，共分 10 个部分 124 个散页，详见表 8.6。

表 8.6　00 - 970 PART 7 目录及散页分布

第一部分	14 个散页
第二部分	11 个散页
第三部分	11 个散页
第四部分	10 个散页
第五部分	2 个散页
第六部分	8 个散页
第七部分	33 个散页
第八部分	7 个散页
第九部分	10 个散页
第十部分	18 个散页

6.《无人机》(00－970 PART 9)

无人机的要求分为5部分36个条款，详见表8.7。

表8.7　00－970 PART 9目录

第一部分　一般要求	
1.1	说明和目的
1.2	适用性和范围
1.3	定义
1.4	引用的文件
第二部分　系统特性	
2.1	运行颜色和标志
2.2	运行的一般环境要求
2.3	可靠性和维修性
2.4	安全性管理
2.5	软件
2.6	电磁兼容性
2.7	电子对抗阻尼
2.8	电子设备
2.9	作用范围
2.10	部件的设计和组装
2.11	情况监控
2.12	制导和控制系统
第三部分　支持设施	
3.1	一般要求

续表

3.2	特定气候情况
3.3	发射和回收系统
3.4	控制站
3.5	维护
第四部分　无人机	
4.1	一般要求
4.2	气候条件
4.3	飞行性能
4.4	结构强度要求
4.5	机体
4.6	动力装置
4.7	航空电子
4.8	飞行终端
4.9	负载
4.10	电气系统的安装和布线
4.11	事故/事件飞行数据记录仪的安装
第五部分　设计验证	
5.1	设计验证的一般原则
5.2	无人机系统的验证和评估
5.3	支持设施的验证和评估
5.4	无人机和负载的验证和评估

7.《发动机》(00－970 PART 11)

发动机的要求分为4部分，详见表8.8。

表8.8　00－970 PART 11 目录概要

第一部分	总则
第二部分	发动机定义
第三部分	飞机发动机的一般要求
第四部分	燃气涡轮发动机的军用要求

8.《军用设备》(00－970 PART 13)

军用设备的要求还没有公布。

9.《无军用规范的设备》(00－970 PART 15)

没有军用要求设备的要求分为1部分2个条款，详见表8.9。

表8.9　00－970 PART 15 目录

第一部分　没有军用要求的设备	
1.1	设备
1.2	采购风险

8.4　欧洲其他国家军机适航性发展

欧洲空客军机于1997年8月正式提出在“未来的大飞机工程”研制A 400 M新型军用战略战术运输机的建议。2003年5月27日，与欧洲联合武装协作组织(OCCAR)签署了共计180架飞机采购合同，OCCAR成员包括比利时、法国、德国、西班牙、英国、土耳其和卢森堡。2005年1月，A 400 M飞机正式生产，计划2008年首飞，2009年交付首架飞机，A 400 M飞机设计采用了适用的军用适航性要求和民用适航性要求。

荷兰在“支奴干”CH－47 D型直升机外部增加了新的电子战防护系统的，并导致驾驶舱设备和系统连接增加，为此改装开展了独立的军机适航性审查。“支奴干”CH－47 D自身的型号规范(包括适航性和性能要求)主要包括

Mil 标准、Mil 手册(例如 Mil - HDBK - 516B)及其他标准。为了构建该改装型的审查准则,荷兰使用英国的 Vol Part 7"军用飞机的设计和适航性要求:旋翼航空器"的结构。由于英国的 DESTAN 00 - 970 与 CH - 47 D 型号规范之间存在差异,从型号规范中选取了与 DESTAN 00 - 970 项适应的"支奴干"的审查要求。在设计定义阶段,考虑了数据总线要求、依赖结构场分析的符合性方法的确定、飞行员界面、电磁兼容性和旋翼安全分离。由于增加的为电子系统,又需要开展高能射频场(HIRF)影响评估。在符合性验证阶段,开展了新结构的结构分析和振动试验。在新系统集成后,又需要开展高能射频场(HIRF)影响评估。在符合性验证阶段,开展了新结构的结构分析和振动试验。在新系统集成后,开展了内部系统电磁兼容性试验和 HIRF 防护试验。最后,验证报告中的所有分析和试验上报,并确认符合型号审查准则后,做出了"支奴干"CH - 47D 型直升机型号更改审查推荐。

乌克兰安东诺夫设计局安- 70 新型军用战术运输飞机也开展了军用飞机适航性工作,1997 年 4 月 24 日第二架飞机进行首飞和验证工作,以证明其总体性能和基础适航性是可接受的。此外,Euro - fighter 台风式战斗机也开展了军用飞机适航性工作

8.5　亚洲军机适航性发展

印度于 1995 年成立了"军机适航性与审查中心(CEMILAC)",其目的是巩固和加强军机适航性工作,经过 5 年的时间,成为国防部的研究与发展组织(DRDO)中的一个重要机构,被授予军机(有人驾驶和无人机)和机载外挂的适航性管理权力,其总部位于印度的班格洛尔地区(Bangalore),在印度各地有 14 个具有不同核心能力的地区中心。对于军机来说,为了保持对敌方的优势,军机设计通常领先于成熟技术的发展。CEMILAC 能够有效地承担设计验证、型号审查和批准、事故/故障分析、航空器和部件寿命的评估和延长及设计机构的批准。截至目前,已经办到了 800 个型号批准书,包括防撞灯、航空器钟以及电池等。

我国台湾军方成立"军用飞机设计制造适航验证中心"负责管理军机及其零组件的设计、制造、组装过程和产品的验证,并积极推广相关的验证技术。同时,正在实施其军用飞机验证制度与规范筹建计划(XW 95179 P P148 PE),业已参照美国国防部 MIL - HDBK - 516B (2005 年)技术内容于 2006 年完成"A - 4"军用飞机验证标准制定作业规定(初稿)",随后于 2007 年完成

B－1军用飞机适航鉴定作业程序。

8.6　苏联伊尔－76飞机的适航性审定

伊尔－76飞机是作为军事运输机项目于20世纪60年代末提出并开始研制的，其适航性标准依据是《苏联民用机适航规范》，后来发展了伊尔－76M型（军用型）和伊尔－76T型（民用型）。伊尔－76飞机在设计上十分重视满足军事需求，如：翼载荷低，展弦比大，采用完善的机翼增升装置和增阻装置；起落架支柱短粗而结实，采用多机轮；除压力加油外，还可重力加油；方便有效的随机装卸系统；全天候飞行设备；飞机不依赖基地的维护支援，可独立地在野外执行任务。这些特点不仅对战时颇有价值，对边远地区执行民用运输也很重要。

第九章　军用航空器适航性的特殊性

9.1　军用、民用航空器适航性的差异

美国民用航空局(FAA)是从 1926 年开始发展,至今已经历了 80 多年的发展,其对民用航空器适航性的管理已经非常成熟,并具有丰富的经验。美国军用航空器适航性于 20 世纪 80 年代开始发展,时至今日经过了 20 多年的发展,在其发展中充分借鉴了一些民用航空器适航管理的成功经验,现也已形成了较为完整的适航性管理体系。从适航性的管理体系对比,两者具有相似的结构,如图 9.1 所示。

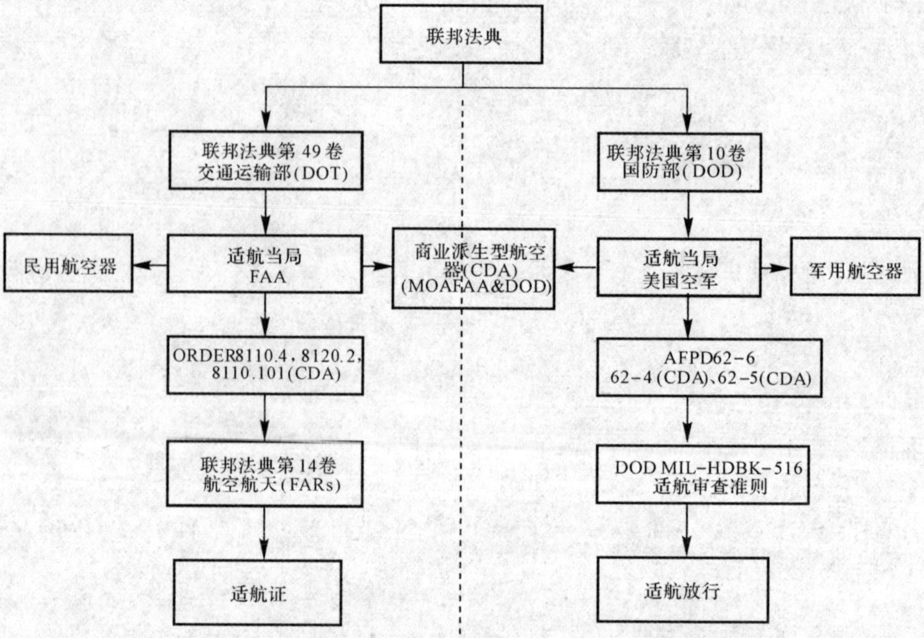

图 9.1　美国军用、民用航空器适航性管理体系对比

同样,欧洲的民用航空器适航管理也早已发展得很成熟,而军用稍显落后,但是已有其发展计划,最终将具有与民用航空适航管理类似的机构,如图

9.2 所示。

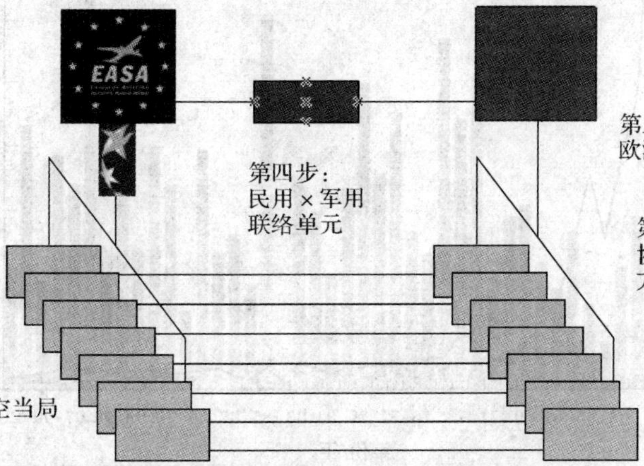

图 9.2 欧洲军民用航空器适航管理

9.1.1 适航性审查责任主体

民用航空器适航性审定的唯一责任主体是适航当局，代表公众利益，对所有民用航空器依据型号适航审定基础进行航空器适航性审定。在型号研制中，适航当局成立型号合格审定委员会（TCB），组织开展适航审查工作。

军用航空器适航性审查的唯一责任主体是军方，代表使用方利益，对其拥有和使用的军用航空器依据型号适航性审查基础进行航空器适航性审查。在型号研制中，军方派出的适航性审查官员（SM）具体负责型号的适航性审查，首席工程师负责开展具体的审查技术工作，最终为 SM 提供审查结论建议。

9.1.2 适航性标准技术要求

民用航空器适航性标准关注的是公众所能接受的最低安全性要求，是依据航空法制定的法律法规性文件，需要强制执行、不可剪裁。其指导型号审查的指南性文件由适航当局以咨询通报（AC）的形式不定期出版。在型号中，适航性审定基础由审查方和申请人共同制定，并编制审定计划，由适航当局型号审查委员会最终批准。

20 世纪 90 年代中后期，全世界范围内民用航空器的灾难性事故发生率——平均百万飞行起落率为 33 次左右（见图 9.3）。

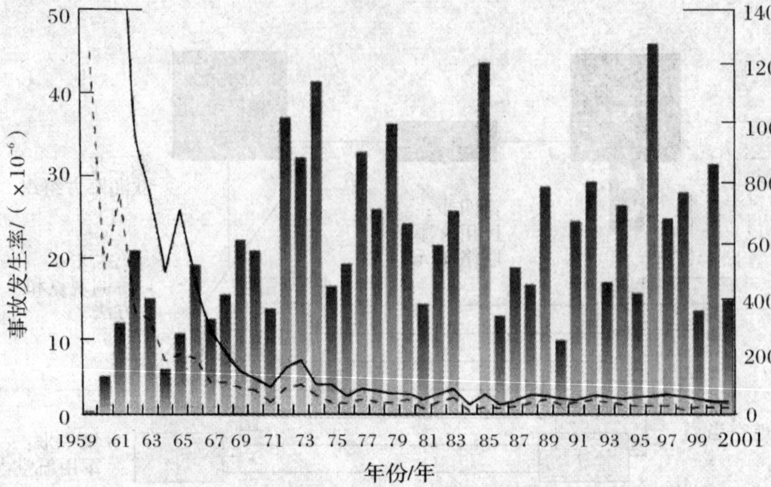

图 9.3 全世界民用航空器的灾难性事故率统计(1959—2001 年)

军用航空器适航性标准不但给出了适航性要求,而且对每一个条款要求都给出了参考性的指南文件。该参考性的指南文件可以分为军用文件和商用文件两部分。军用文件主要包括美国国防部的军用设计验证标准规范等,而民用文件主要包括民用适航性标准条款等。在型号中,结合军用航空器型号研制要求,由订货方、承包商共同剪裁形成型号适航性审查基础,并编制验证计划,由军方适航性管理部门最终批准。

20 世纪 90 年代中后期,美国空军军用航空器的灾难性事故发生率——平均 10 万飞行小时率为 1.5 次(见图 9.4),但美国防部认为 10 年期间的灾难性事故率还是很高,其军机安全水平是不可接受的。

军民用航空器适航性主要关注的都是航空器的安全,但是在其安全性水平的确定上存在着显著的差异。民用航空器适航性条例具有总的确定的安全水平要求,在分解安全水平要求后,直接验证系统可接受的风险是否满足要求即可;而军用航空器适航性则要求在型号适航性审查时,需要按照 MIL－STD－882 开展安全性风险分析,在确定军方可接受的该航空器型号的安全水平后开展适航性审查工作。

9.1.3 适航性管理程序指令

在民用航空器适航性管理中,民用适航当局作为审查的责任主体,民用适航当局制定和颁布的适航管理文件为适航条例 21 部《产品和零部件合格审定程序》。在型号合格审定中，民用适航当局组织成立型号合格审定委员会，按照民用航空器设计、制造和使用阶段，对民用航空器实施全寿命适航管理，执行相应的民用航空器适航条例等文件。

在军用航空器的适航性管理中，军方既是使用方又是适航性管理的责任主体，适航性管理由各军兵种自己负责，例如，空军的适航性管理文件为 AFPD 62－6《美国空军航空器适航性准则》，陆军为 AR 70－62《航空器系统适航性审查》。在型号审查中，是由军方成立型号适航性审查机构，执行相应的军用航空型号适航性政策指令等文件。

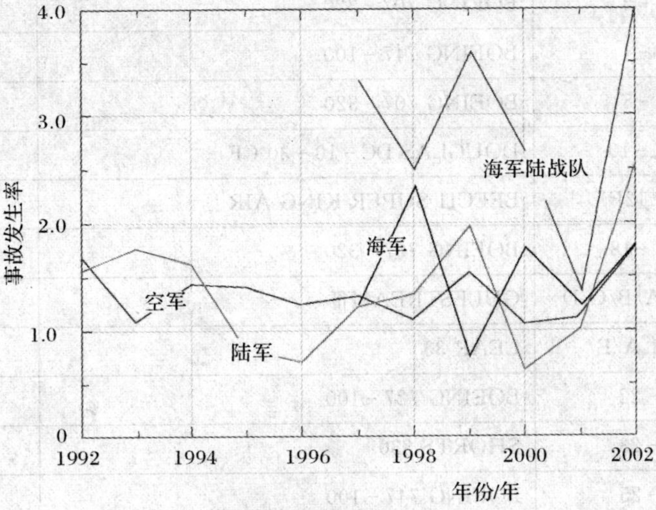

图 9.4　美国军用航空器的灾难性事故率统计(1992—2002 年)

9.2　研究案例——美国空军军用派生型运输机使用的民航适航标准

9.2.1　背景

自 20 世纪 70 年代中期以来，美国空军开始大量购买商用飞机。以前购买的飞机主要用于运输，现在也改为加油机和教练机。表 9.1 所示是经 FAA 审定的飞机进入美国空军(USAF)的列表。

表 9.1　军用派生型计划列表

型号	名称	数量/架
T-39	ROCKWELL SABRELINER	14
T-41	CESSNA 172	204
T-43	BOEING 737-100	18
VC-137	BOEING 707-120/707-320	5
C-140	LOCKHEED JETSTAR	16
C/VC-9	DOUGLAS DC-9	24
E-3	BOEING 707-320	34
E-4	BOEING 747-100	4
E-8	BOEING 707-320	2
KC-10	DOUGLAS DC-10-30 CF	60
C-12F	BEECH SUPER KING AIR	40
EC-18	BOEING 707-320	18
C-20 A/B/C/D	GULFSTREAM Ⅲ	17
C-21 A/B/	LEAR 35	84
C-22	BOEING 727-100	4
C-23	SHORTS 330	36
C-25	BOEING 747-100	2
C-26	FAIRCHILD METRO Ⅲ	14
C-27	STOL(TBD)	18
C-29	BRITISH AEROSPACE 125-800	
TIA	BEECHJET 400	211
FMS	CESSNA 206,CESSNA 206,CESSNA (CITATION),CESSNA 150 AEROBAT, BELL 212 HELICOPTER	25
MSA	18 PASSENGER TURBO PROP(TBD)	53
C-20 ANG	GULFSTREAM IV	2

最初的进行商用飞机审定的推动力来自于美国国防部，自 1976 年开始实施商用产品获得计划。该计划的目的是：强调商用产品的获得；消除不必要的说明；剪裁必要的说明来反映商用实践；最小化政府获得程序的管理负担。该计划的直接成果是颁布了 AFR(空军法)80－36，题为美国空军运输机的民航适航标准。

9.2.2　美国商用和军用运输机需求差异分析

商业飞机客户和军用需求在需求方法、供应原理、市场和获得时间方面有较大的区别。

商用和军用获得程序的对比如图 9.5 所示，在此关键的不同是商用飞机在生产决定之后有一点或没有商业客户的参与。一般来讲，军用计划从首飞到交付的时间更长。由于最大程度上利用了先前的数据，一个新的武器系统就可以在短期内实施，因此军用派生型计划具有相对额外飞行时间较少的优势。

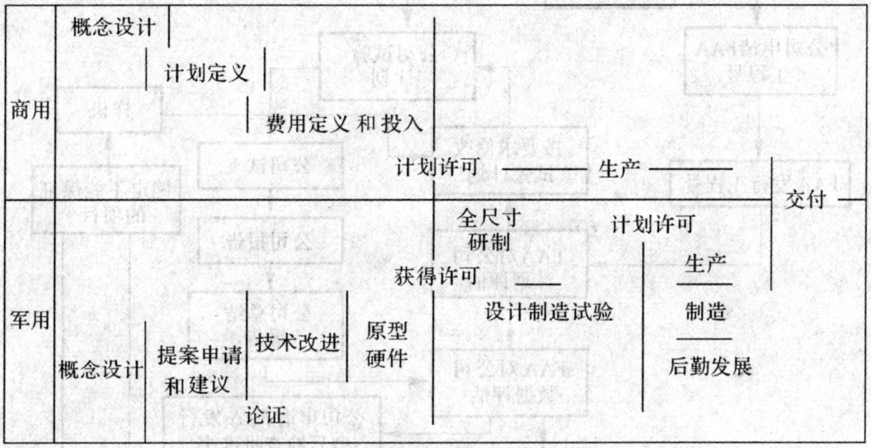

图 9.5　商用和军用获得程序对比

FAA 鉴定军用派生型飞行器的过程不是一个直线前进的过程，它涉及到承包商、FAA 和美国空军(USAF)之间一个特殊的关系。一方面，承包商需要清楚地理解空军的要求，并且用 FAA 鉴定标准进行权衡，来鉴定不协调的部分，从而在这个过程中提出需要尽早进行的设计方面的改变。空军需要清楚地理解 FAA 鉴定给出了什么(比如飞行过程本质上的一种安全性)，并且根据任务完成框架来衡量它，特殊的武器系统将会在这个框架中被应用。另一方面，FAA 需要使用它的“正常商业”框架，需要给予最初的军用部分质量评估和飞行器怎样来操纵来评价等价的安全水平。

由于特殊的设备和任务要求，空军永远不可能完全成为一个商业消费者。FAA 鉴定的使用是一个好的例子，这是因为，在多数情况下，并不是一架飞行器所有的任务方面都被 FAA 鉴定所包括，因此一些军用测试是必要的。

如果检视一下理念的不同的话，FAA 从基础上对飞行器的安全性和适航性感兴趣。而 USAF 对任务的执行和规范的符合感兴趣。这使得在 FAA 和 USAF 之间一个特殊的关系发展，其中为了使纳税人的利益最大化，联合的鉴定/质量评估项目被发展，同时也符合 FAA 的规范。

9.2.3 军用派生型审定过程

军用派生型运输机适航性审定基本流程如图 9.6 所示。审定过程包括 3 个部分：型号/改型审定、生产审定和一致性审定。它们分别满足下面的需求：

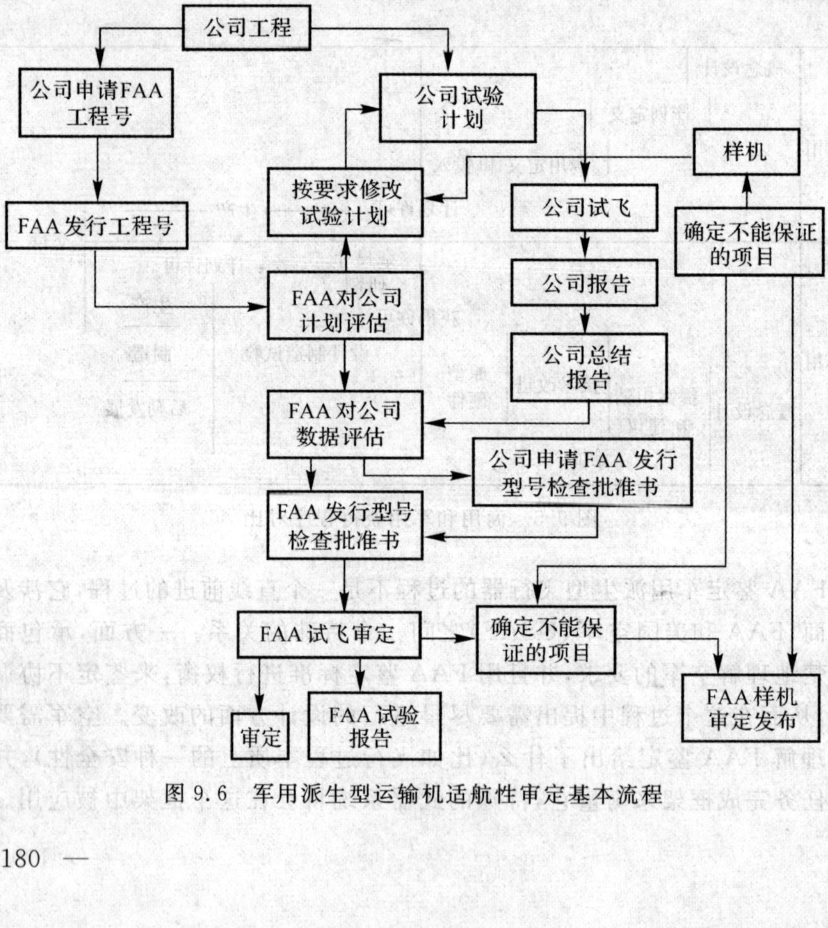

图 9.6 军用派生型运输机适航性审定基本流程

(1)型号审定/改性审定(TC/STC)：

1)确保以前的数据有用；

2)确保质量控制以得到后勤支持；

3)建立部件可替换性；

4)确保将来改进的能力；

5)提供维修数据和最少设备清单概要。

(2)生产审定(PC)：

1)在生产过程中提供FAA授权的质量控制系统和允许合同方程序的实施；

2)建立结构控制。

(3)一致性审定(C of C)：实现对产品质量的闭环控制，允许和FAA法规规定的略有不同。

第十章　军用航空器适航性审查体系分析

目前，国外军用航空适航性工作经过近 20 多年的发展，其管理体制和技术体系已基本趋于成熟，业已形成一套独立完整的军用航空器适航性审查体系。

10.1　军用航空器适航性审查工作目标

军用航空器适航性审查的工作目标是保证军用航空器具有在预期军事用途和战技术性能指标下安全运行的能力，有别于民用航空适航性审定的目标是恪守民用航空器达到公众所能接受的最低安全性要求。

10.2　军用航空器适航性审查责任主体

军用航空器适航性审查的唯一责任主体是军方，代表使用方利益，对其拥有和使用的军用航空器依据型号适航性审查准则，进行各类航空器型号适航性审查。

10.3　军用航空器适航性审查体系核心

在军用航空适航性审查体系中，首先应明确军用航空器适航性的唯一责任主体；其次须建立军用航空器适航性管理机构，颁布军用航空器适航性政策、指令及程序；同时须制订军用航空器适航性审查准则与适航性审查计划，组建军方内部适航性审查员队伍，并将军用航空器适航性验证纳入到总体性能验证工作之中；最终须由军用航空器适航性最高管理机构批准军用航空器适航性结论。因此，保证军用航空器适航性审查体系独立性和完整性的核心是建立、健全军用航空器适航性管理体制和适航性技术体系。

10.4　美国空军的适航性审查过程

如上所述，空军是其拥有或运行的航空器适航性审查的唯一责任主体，代表使用方利益。为保证军用航空器具有安全运行的能力，在初始适航阶段，军方需要制定型号适航性审查基础，依据适航性审查基础对各类航空器型号进行适航性审查，并由此最终确定适航性基线；在持续适航阶段，军方负责保持初始适航阶段确定的适航性基线。

10.4.1 军用航空器系统工程(SE)应用

军用航空器的全寿命周期的系统工程管理中，可以分为概念定义、技术开发、系统开发和验证、生产和交付以及运行和支援共 5 个阶段，在每一阶段都包含有不同的系统工程相关活动，如图 10.1 所示。

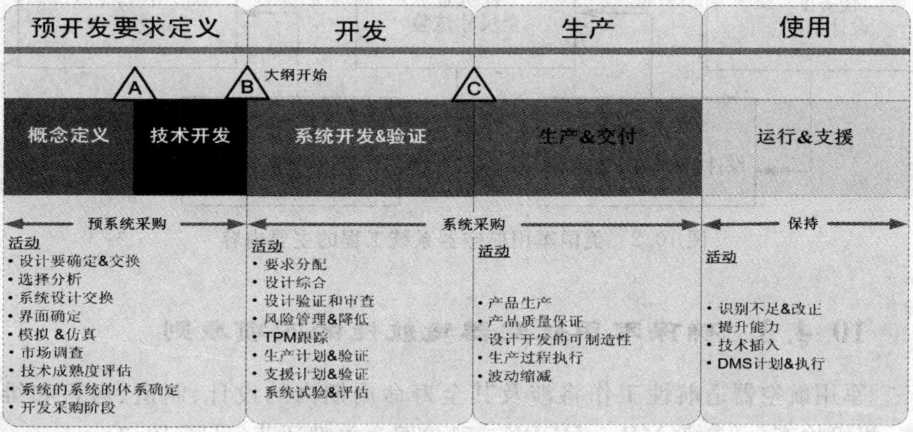

图 10.1　航空器全寿命周期过程的相关活动

10.4.2 美国国防部军用航空器系统工程的特点

1994 年，美国国防部秘书佩里开展采购改革，减少了美国军标的 STD 标准(尤其是程序类标准)，更多地关注采办的适宜性/有效性/流程性/创新性。改革后的采办非常重视合同规范，主要的改变包括：在采购合同中提出军方的要求并确定验证项目，关注要求和验证的功能和界面；更多地注重采办产品的结果是否满足要求，关注产品活动验证合格的证据，而不苛求承包商的生产活动是否按照某种规定程序进行。

通过这次改革要求开发出系统工程工具集的基础，在采购合同中纳入完整性和适航性的要求(见图 10.2)，并要求开展独立的首飞评审。

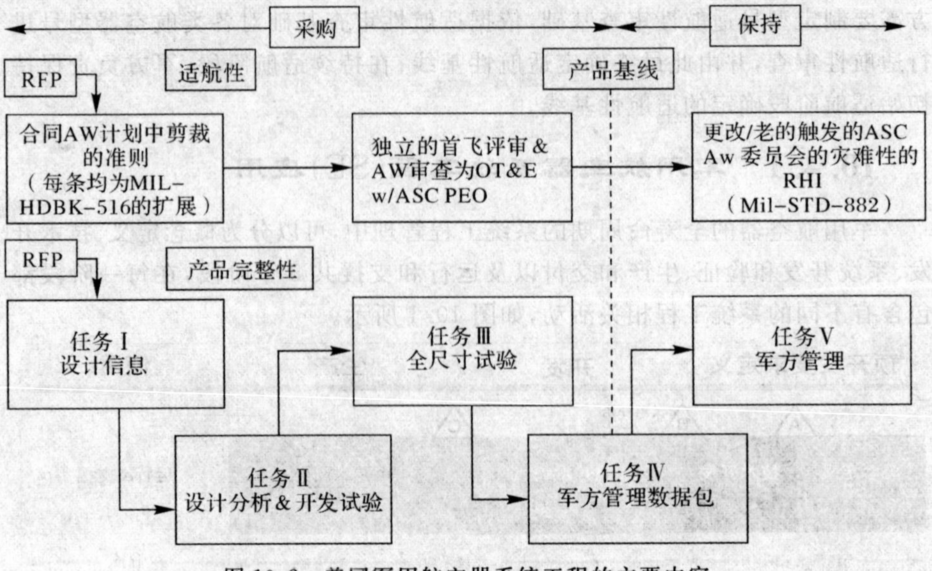

图 10.2　美国军用航空器系统工程的主要内容

10.4.3　确保军用航空器适航性的四项原则

军用航空器适航性工作将涉及其全寿命周期内的设计、制造、运行和维修、机组检查(可参考 MIL－HDBK－514)四个关键环节(见图 10.3)。

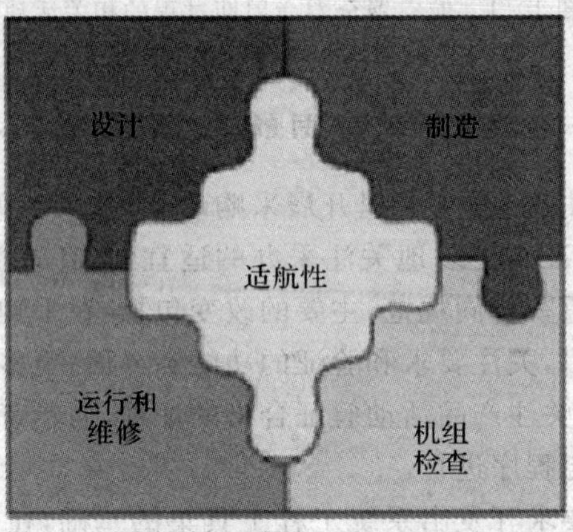

图 10.3　军用航空器适航性工作涉及的四个关键环节

在上述军用航空器适航性审查过程中，有四条原则必须遵守：

(1)验证设计原则。必须采用被认可的方法来证明军用航空器的设计满足一套经批准的适航性审查准则(AFPD 62-4,62-5,62-6 和适航合格审查准则(MIL-HDBK-516B))。

1)设计(包括新的和经过修改的飞机)必须满足首席工程师制订的并由 SM 批准的适航合格审查准则中的设计准则;

2)"证明"意思是由验证组织通过经批准的方法验证对适航标准的符合性;

3)总工程师负责确保符合性方法的充分性

4)类似于 FAA 型号合格审查;

(2)依据设计制造原则。航空器必须按照经批准的设计进行制造(AFPD 63-5,AFI 63-501,适航性审查准则(MIL-HDBK-516B))。

1)适航性批准给定的设计符合经批准的结构构型;

2)存在临界生产量和质量标准;

3)产品的裕度和容限在可接受的限制内;

4)类似于 FAA 生产符合性合格审查。

(3)正确的维护和使用原则。航空器必须由有资质的人员根据被认可的文件和程序来进行操作和维护(AFPD 62-6,Air Force 11-2、21 和 36 系列政策和指令,适航准则)。

1)使用全套详细的维修和飞行手册;

2)致使飞行失效的关键因素要报告给 SM 和 CE;

3)维修人员是获得资格的、能胜任的并经过适当的培训;

4)飞机记录要妥善地保存;

5)批准保持适航性所必需的特别程序;

6)所有修改都经过 SM 的批准;

(4)全体机组人员认可原则。航空系统必须被认为处于安全操作的条件下,并被全体机组人员所接受(AFI 11-2 系列)。

1)机组人员通过充分的培训能够发现不安全的条件;

2)机组人员通过充分的培训能够做出明智的决定是否继续执行任务或要求维修。

10.4.4 军用航空器适航性审查

适航性审查是一个可重复的过程,可以由适航性审查官员(SM)做出判定,认为飞行员和维修人员能够在运行和维修文件的限制内安全地运行和维修航空器。

军用航空器适航性审查是对军用航空器实施了适当的安全风险管理,首先对系统、人员、财产、设备和环境造成危害的安全水平进行确定，然后按照确定的安全性风险水平开展审查和验证，并在后续使用中需要被保持，且该安全水平能够被军机适航性的管理方所接受。

10.4.5 军用航空器适航性审查的“5W”

(1)Why? 确保验证设计品质使其能够安全的使用运行。

(2)Who? 适航性审查官员(SM)，首席/总工程师协助。

(3)What? 所有美国空军(USAF)航空器。

(4)When?

· 先于新方案专门的适用性试验和评估阶段。

· 先于方案(AFMC 目标)阶段。

(5)How Long? 有效性持续至超过系统限制、系统改变或系统退役。

10.4.6 军用航空器适航性审查过程所涉及的因素

在军用航空器适航性审查过程中，使用主要的工具包括适航性审查准则、型号顶层规范(类似联合服务规范指南)、OSS&E 指南文件、民航适航文件、完整性大纲手册等。适航性审查所涉及的主要人员包括军方的适航性审查官员(SM)、首席工程师(CE)、使用者和维修者、承包商和全体工程人员。在适航性审查过程中关注其关键过程，采取综合风险管理和系统工程的方法实现航空器的适航性，如图 10.4 所示。

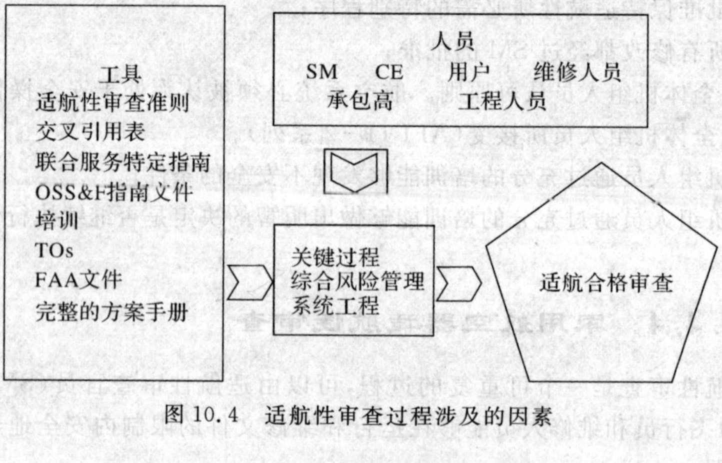

图 10.4 适航性审查过程涉及的因素

10.4.7　剪裁的适航性审查准则(TACC)

在军用航空器型号审查中，首先应确定包括 SM 和 CE 在内的顶层适航性审查人员名单；开展适航性审查时，应将重点放在型号设计方面；应制定出型号适航性审查的要求（剪裁的适航性审查准则(TACC)），一般在 SM 批准前，由首席工程师(CE)和 ASC/EN 共同起草 TACC，TACC 确定了能使系统安全操作的最低品质设置，而不是告诉如何做；TACC 最后由 SM 批准；适用的准则不能被删除或修改；制定 TACC 和提供符合性方法是使 SM 做出审查判定的关键技术工作；TACC 在飞机服务期间是维持适航审查的基础；CE 可为适用的顶层准则和特别的应用增加特定准则（例如，UAV 地面站准则（新准则））。

10.4.8　航空器适航性审查基础

在军用航空器适航性审查过程中，按照系统工程的思想，在型号研制阶段需要控制适航性的输入和输出，美国空军“适航性审查基础”的制定是参考 MIL -HDBK - 516B《军用航空器适航性审查准则》编制《型号适航性审查准则》作为输入性文件，其内容包括验证条款和技术要求；同时，依据准则制定“符合性方法”作为输出性文件，并与验证条款和技术要求一起构成“型号适航性审查基础”，在此过程中 JSSG 标准作为参考性文件。例如：

输入性文件：

[验证条款]：验证机体零部件设计中使用的符合设计准则规定的极限载荷是由批准的航空器地面或空中运行可能产生的最大载荷和最严重的载荷组合。这包括维修活动、有望恢复的系统失效过程中的载荷和经历了特定寿命使用的载荷。

[技术要求]：机体的设计能够承受所有可能出现的载荷频率大于或等于 1×10^{-7} 每次飞行。机体被设计以致于分解的载荷和测量的地面与飞行试验载荷相关。

输出性文件：

[符合性方法]：在所有应用的外部载荷的数量和分配的相关地面和飞行试验载荷分析被确定为综合了航空器所有可能的高度、速度和载荷因素下航空器的构型、重量、机动性。建立在运行中所有可能的飞行条件下预期遇到的服役和最大载荷。风洞试验用于开发气动载荷。硬度和地面振动试验用于更新载荷分析模型的挠度与刚度的特性。飞行控制和气动飞行试验被用来更新

航空器仿真模型。载荷校准试验用于开发地面/飞行载荷等式。80%和100%飞行载荷则量和验证用于更正分析模型和证实设计载荷。

参考性文件：DoD/MIL Doc：JSSG－2006：A 3.2.11，A 4.2.11。

10.5 结束语

美国洛克希德·马丁公司研制的C－130型四发中型多用途涡桨战术运输机(见图10.5)，1951年开始研制，1954年8月首飞，1956年12月装备美空军。据不完全统计，C－130型运输机此前发生过多起空难事故。其中有2005年12月6日伊朗C－130型运输机撞上居民楼的重大事故(94人遇难)。2005年1月30日英军C－130型运输机在巴格达坠毁(10名军人遇难)，2003年7月1日阿尔及利亚C－130型运输机在居民区内坠毁(15人遇难)，2000年2月，伊朗C－130型运输机与一架空客飞机相撞坠毁(10人遇难)，1997年伊朗C－130型运输机在马什哈德地区坠毁(86人遇难)。

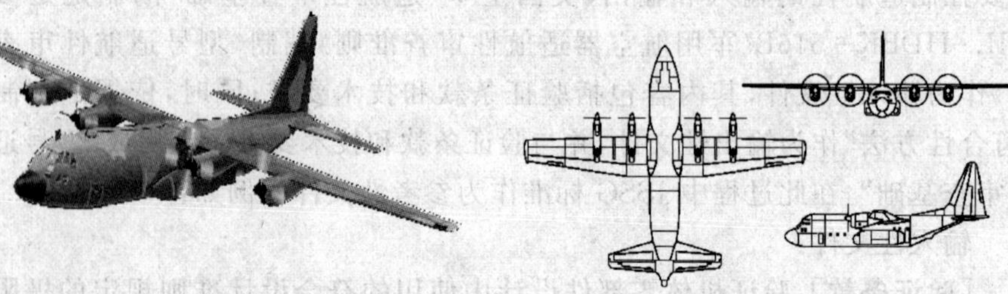

图10.5　美国C－130型多用途涡桨战术运输机

苏联伊留申设计局(现为伊留申航空联合体股份公司)研制的伊尔-76型四发中远程重型战略战术运输机(见图10.6)，1971年3月首次试飞。据不完全统计，伊尔-76型运输机此前发生过至少46起空难事故，总共造成了522人死亡。其中2003年2月在伊朗境内的特大空难事故总共有275人丧生，其中200名是伊朗精锐部队士兵。

美空军新型F/A－22四代战机1983年9月概念设计，1991年10月首飞(见图10.7)，至今共发生过两次灾难性事故。其中1992年4月25日一架YF－22原型机由于飞行员引发震荡导致低空飞行时坠毁；2004年12月21日一架F/A－22由于飞行控制系统原因导致起飞过程中坠毁。

图 10.6　苏联伊尔-76 型中远程重型战略战术运输机

(a)

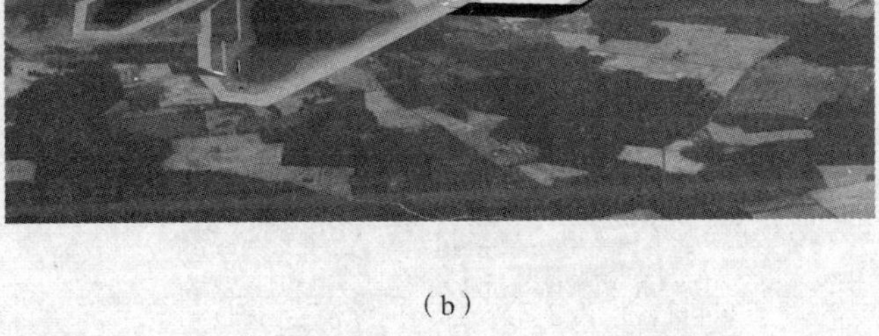

(b)

图 10.7　美国 F/A-22 新型四代战机

2008 年 2 月 23 日美国空军一架价值 12 亿美元的 B－2A 型隐身战略轰炸机(见图 10.8)在关岛安德森空军基地起飞不久后由于机械故障导致坠毁。该机坠毁导致美国空军 21 架 B－2A 型隐身战略轰炸机全部停飞。同时,这次事故也引起了人们对军用航空器适航性的关注。

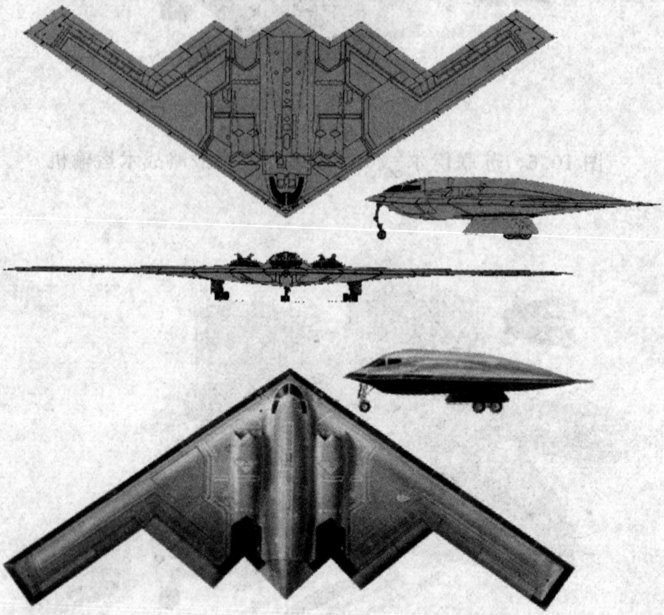

图 10.8　美国 B－2 型隐身战略轰炸机

附　　录

附录1　缩　略　语

AC	咨询通报
A/C	飞机
ACJ	联合咨询通报
AMJ	联合咨询资料
ARP	宇航推荐方法
CCA	共因分析
CMA	共模分析
CMR	审定维修要求
DD	关联图
FAA	联邦航空局
FAR	联邦航空条例
FC	故障状态
FC&C	故障状态及分类
FE	故障影响

续表

FHA	功能危险分析
FM	故障模式
FMEA	故障模式与影响分析
FMES	故障模式与影响概要
FTA	故障树分析
H/W	硬件
HIRF	高强度辐射场
JAA	联合航空当局
JAR	联合航空规则
LRU	航线可更换单元
MA	马尔可夫分析
MRB	维修审查委员会
MSG-3	维修指导小组3
PRA	特殊风险分析
PSSA	初步系统安全性评估
RTCA	航空无线电技术委员会
SAE	汽车工程师协会
SSA	系统安全性评估

续表

S/W	软件
ZSA	区域安全性分析
ACCU	蓄电池
ALT	备用
APU	辅助动力装置
AS	防滑
B	蓝色液压系统
BSCU	刹车系统控制单元
C	电容器
CMD	指令
COMP	计算
CSMG	恒速电机
ECS	环境控制系统
ELEC	电气
EMI	电磁干涉
HYD	液压
IC	集成电路
I/O	输入/输出

续表

CATⅢB	ⅢB类全天候着落系统
CPU	中央处理器
F. R.	故障率
G	绿色液压系统
L or LH	左侧
LRU	航线可更换单元
MLG	主起落架
MON	监控器
MT	定期维护
NLG	前起落架
NORM	正常
PCU	动力控制单元
POS	位置
P/S	动力供应
PTU	动力转换单元
PWM	脉冲调节器
PWR	动力
R or RH	右侧
R	电阻器
REF	参考
RTO	中断起飞

续表

STBY	等待
SYS	系统
VDC	直流电压
v_1	v_1 决断速度
WBS	机轮刹车系统

附录2　美国空军航空器适航审查内容

下面分别介绍美国空军航空器适航审查 AFPD 62－6，AFPD 62－4 和 AFPD 62－5 的具体内容。

（一）AFPD 62－6 的具体内容

空军拥有和使用的航空器符合联邦航空条例（FAR）对公共飞机的定义，因而美国空军是对这类飞机进行适航性审查的责任部门。本政策指令规定了由适航性审查官员（SM）负责美国空军航空器适航性审查的要求，同时规定了建立适航性审查准则控制委员会（AC^3B）的要求。本政策指令适用于美国空军所有的航空器，包括国家航空警备队（ANG）和美国空军预备队司令部（AFRC）的航空器。

1. 总则

要求对美国空军所有在册或库存的航空器都进行适航性审查。适航性审定将主要符合 AC^3B 所制定的《适航性审查准则》。SM 是航空器的适航性审查的官员。相关政策见空军政策指令第 62－4 号《民用派生型运载乘客航空器的适航标准》（AFPD 62－4）和空军政策指令第 62－5 号《民用派生型混合用途航空器的适航标准》（AFPD 62－5）。

2. 职责和权限

2.1　主管采办的助理空军部长（SAF/AQ）应保证对采办指令和政策要求进行适航性合格审查。

2.2　美国空军中民用航空主管（USAF/XO）应保证将适航性要求纳入联合军兵种和空军的项目要求文件之中。

2.3 美国空军后勤主管应：

2.3.1 保证维修管理指南和政策(《航空器的维修管理》,AFI 21－101;《场站维修管理》,AFI 21－102;《民用派生型航空器的维修》AFI 21－107)中包含使航空器自始至终保持适航性的程序,不区分维修地点(机场或公共/私人场站)。

2.3.2 保证供应指令和政策(《美国空军供应手册》,AFMAN 23－110)中包括保持飞机适航性的程序和方法。

2.4 美国空军司令部主管系统工程(HQ USAF/SE(AFSC))的官员应负责搜集与航空器适航性有关的飞行安全性信息,并将其提供给 AC^3B。

2.5 一线司令部(MAJCOM)/国家航空警备队(ANG)/美国空军预备队应在适航性审定官员或委任的安全飞行审查官员批准前,禁止对航空器(AFMC 试验中心、试验机构和实验室对他们所使用和具有的飞机进行的 T－2 改型)进行改装和更改。

2.6 适航性合格审查准则控制委员会(AC^3B)(见附图 2.1)应：

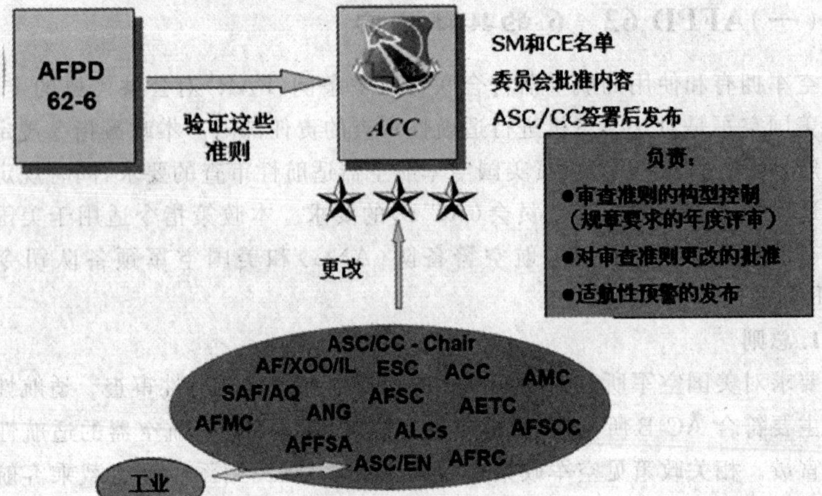

附图 2.1 适航性审查准则的制定与修订

2.6.1 建立和保持供航空器适航性审查官员使用的适航性审查准则,以确定航空器的适航性。适航性审定准则必须给航空器适航性审查官员对本政策指南首次颁布之日已投入使用的航空器具有充足的灵活性,以便能以符合安全性要求的低费效比的方式完成适航性审查。

2.6.2 由以下各单位的一名代表组成:SAF/AQ,HQ USAF/XOO/IL/SE,HQ AFFSA,HQ AFMC,ASC,ESC,OC-ALC,OO-ALC,WR-ALC,ACC,AMC,AETC,AFSOC,ANG 和 AFRC。委员会将发文公布正式成员并保持正式成员。

2.6.3 由航空系统中心司令或一位其委任的代表担任主席,并由他最终批准适航性审查准则。

2.6.4 按主席确定的时间和地点召开会议。

2.6.5 对适航性合格审查准则推荐的更改报 AC^3B 主席批准。

2.6.6 按需要发布有关飞行安全性信息,以增加对与《安全性调查和报告》AFI 91-204 中规定的特许准则相符的飞行安全性技术问题和关注的问题的了解。

2.7 空军系统中心(ASC)应:

2.7.1 对改型航空器编制适航性指南,并按需要为适航性申请提供支持。

2.7.2 经 AC^3B 主席的签署,出版和分发适航性审查准则和任何 AC^3B 的会议纪要。

2.7.3 向 AC^3B 指派一位代表,该代表具备适当的技术竞争能力,能对有关适航性审查准则或由委员会考虑的任何更改做出正确的技术判断。

2.7.4 任命 AC^3B 主席。

2.7.5 向 AC^3B 报告适航性审查的符合性程度。

2.7.6 对 AC^3B 发布的有关飞行安全性信息的收集发挥核心作用。就影响航空器适航性的飞行安全事件与空军安全中心协同工作。

2.8 航空器适航性审查官员(SM)应:

2.8.1 在运行试验和评估之前,审查航空器的适航性,制定适航性审查准则的符合性方法。适用时,适航性审查可通过取得联邦航空局(FAA)的适航合格证的方式完成。

2.8.2 对航空器的临时性更改(除以下 2.8.4 中涉及的 T-2 改型之外)或永久性更改(在 AFI 21-101 中规定)进行适航性审查,编制适航性审定准则的符合性方法文件。

2.8.3 在航空器技术指令中给出持续适航性说明。

2.8.4 对美国空军装备司令部(AFMC)的试验中心、试验机构和实验室分派和拥有的航空器进行 T-2 改型,可将飞行安全性的决定权授予这些机构。

2.8.5 保存和管理数据和航空器的技术状态(构型),支持适航性审查。

2.8.6 向AC3B提出适航性审定准则的更改建议,并向AC^3B提供关于该准则应用中经验教训的反馈意见。

2.8.7 向空军系统中心/工程部门(ASC/EN)提供书面通知,确认航空器适航性审查符合已建立的准则,以便能够对政策符合性程度进行报告。

2.8.8 在航空器首飞前,用书面正面肯定按照ASC指南飞行是安全的。

2.8.9 当做出审查和安全飞行决定时,要从设备的原始制造厂商(OEM)和(或)主承包商处获得书面建议。

2.8.10 将适用的适航性审查准则作为目标纳入《试验与评定主计划》中。

2.9 首席工程师(CE)应:

2.9.1 在预授予阶段描述包含于合约中的适航准则。

2.9.2 在首飞之前就飞行安全性决议向SM提出建议。

2.9.3 确保对每个型号或相似构型的航空器开展必要的适航性审查过程,从而获得适航证。

2.9.4 确保所有永久或临时的更改满足系统的适航性准则。

2.9.5 为持续适航提供技术手册的内容。

2.9.6 评审所有适航指令、咨询材料和警告适用性,并向SM提供处置建议。

2.9.7 为SM确定对适航性审查准则的更改需求。

2.10 空军装备司令部(AFMC)的试验中心、试验机构和实验室应:

2.10.1 在确定临时性改装航空器的飞行安全性时符合空军系统中心(ASC)的指南。

2.10.2 在临时性改装航空器的首飞之前,经SM授权,书面正面肯定飞行是安全的,完整地记录任何技术状态(构型)的更改,并通报SM。

2.10.3 在没有适航性审查官方或委任的具有飞行安全性决定权的机构的批准时,禁止对飞机进行改装和更改。

2.11 ASF/AQ,HQ USAF/XOO/IL/SE,HQ AFFSA,HQ AFMC,ESC,OC-ALC,OO-ALC,WR-ALC,ACC,AMC,AETC,AFSOC,ANG和AFRC向AC^3B指派代表。这些代表必须具备适当的技术能力,能对适航性合格审查准则或该委员会考虑的任何更改做出技术判断。

(二)AFPD 62－4的具体内容

美空军政策指令《载运乘员类商用改型运输机适航性标准》AFPD 62－4,适用于民用商业型客机改装为军用载人型运输机。美空军政策指令《混装类商用改型运输机适航性标准》AFPD 62－5,适用于民用商业型客机改装的军用特种型运输机。

AFPD 62－4确定了保证空军民用派生型载运乘客的航空器保持高水平安全性的政策,以及保证空军对这类航空器不再做已由美国联邦航空局(FAA)所做的,诸如型号合格审定或补充型号合格证审定等重复性工作的政策。该政策指南的意图是保证所有的空军派生型载客航空器的最高安全性水平。

AFPD 62－4做了实质性修改,必须进行全面审阅。

AFPD 62－4此次修订将文件题目从"运输类航空器民用适航标准"改为只规定"民用派生型载客航空器";确立了与载运乘客任务的航空器单一安全性水平相关的适用范围;并更改了符合性度量要求,以减少保存冗余的记录。

(1)空军可以用民用派生型航空器执行多种运载乘客的任务。采购运输类航空器能节省与新机研制、采购、使用和维修相关的全寿命费用。因此,当这类航空器的预定用途限定在民用客机的应用范围内时,空军就会没法采购和持有这种民用派生型固定翼和旋翼航空器。

根据公共法,FAA被指定为美国国家空域系统的管理者。民用航空器通常要符合美国联邦航空条例(FAR)的要求。

该指南确立的政策,在下面豁免条款的条件下,设法保证空军的民用派生型运载乘客的航空器符合相应的FAR的要求,并保证空军不重复做那些由FAA所做的诸如型号合格审定或补充型号合格审定等工作。

(2)空军力求在系统项目的全寿命期内,保证用于运载乘客任务的民用派生型航空器满足或超过由FAR确立的民机适航标准。空军拥有和使用的航空器属于公众的航空器。只要适用,FAR要作为适航的最低要求来使用。FAA通过运用FAR及其专长,颁发TC和STC。拥有执行运载乘客任务的民用派生型航空器的空军责任人,要努力获得和保持FAA为这类航空器颁发的型号合格证。

(3)空军应努力保证为用于空军民用派生型载客航空器而研制的航空电子或其他设备满足或超过民机设计标准要求,该设计标准符合采购这些设备的航空器所适用的适航要求及使用的适航条例FAR。除了FAR的要求或该

项目为军用货架产品以外，当任务有要求时，还要满足军用设计标准的要求。经系统项目主任(SPD)批准，可以采用未经FAA合格审定的军用货架产品，但必须反映出它与型号合格证的偏离。空军应努力采购、保持和使用与执行同样任务的同样民用航空器上安装的具有同等安全等级的相关设备。需要注意，尽管民用货架产品(COTS)设备是优选的，但当COTS设备不能满足任务要求时，军用货架设备经系统项目主任(SPD)批准是可以接受的。

(4)空军可接受和利用FAA的评定和检查结果，以减少重复工作。

(5)空军可以选定一些使用单位，作为民用派生型载客航空器的保障机构。这些单位应保持和执行基地级的维修，以及在SPD批准和指导下进行飞机小改。

(6)该指南确立了下列职责和权限：

1)主管民用航空的主任助理(AF/XOO-CA)负责确定适航政策。AF/XOO-CA还负责就整个项目和计划与FAA保持联系，与FAA协调条例和政策文件，与FAA协商机构间的支援协议。

2)空军后勤部(AF/IL)监督美国空军的民用派生型载客航空器的适航过程。

3)拥有民用派生型载客航空器的一级司令部(MAJCOM)负责确定某些使用单位作为保障组织。MAJCOM还应保证指定的单位遵守FAA的FAR维修标准，最大限度地符合其相应的维修使用手册或SPD批准的维修方案。

4)主管采办的助理空军部长(SAF/AQ)负责制定完整的采办流程，并在采办过程中集成最佳的民用航空器的做法。SAF/AQ还要制定民用派生型载客航空器的采办合同流程，并向空军装备司令部(HQ AFMC)提供项目管理指南(PMD)。

5)SPD负责制定和维护项目基线/计划，以符合民用派生型载客航空器适用的所有FAR标准，确保在项目的全寿命期内安全使用和维修。SPD在FAR问题的所有解决方案均告无效之后，可对符合FAR条例要求申请豁免。AF/XO持有解决或豁免符合FAR条例要求的最终决定权。

6)本指南适用于与美国空军、国家航空警备队和空军预备队的民用派生型载客航空器的要求制定、采购、合格审查、保持和维修有关的所有人员。

7)符合性度量。每年12月15日民用派生型航空器项目的SPD应向HQ USAF/XOO-CA提交一份机群的调查报告。该报告要标明该项目中民用派生型航空器的任务设计序列、对应的民用航空器及详细说明其总数。通过RCS:《美国空军民用派生型航空器年度评定》HAF-XOO(A)9343报告

的形式进行报告。在紧急情况下可进行不定期报告。要在最短的时间内完成不定期报告。

8)本指南对民用派生型载客航空器做出了规定。而 AFPD 62－5 则规定了空军不仅仅用于执行运载乘客任务的民用派生型航空器的适航标准。

(三)AFPD 62－5 的具体内容

本指南确立了保证空军用于使用、监测、训练、试验和评定的民用派生型混合用途航空器保持高水平安全性的政策,以及保证空军对这类航空器不再开展由美国联邦航空局(FAA)所做的诸如型号合格审定或补充型号合格审定等重复性工作的政策。本政策指南的意图是保证所有的空军民用派生型混合用途航空器具有最高的安全水平。

(1)为了满足军用需求,空军将努力寻求采购和持有民用派生型混合用途的固定翼和旋翼航空器,即使这些航空器的预期用途与原来的设计意图不完全一致,或与之相当的民用使用情况并不存在。这样做可大大降低与政府研发航空器的研制、生产、使用和维修相关的全寿命费用。

(2)为最大限度地节省全寿命费用,空军要努力保证其民用派生型混合用途航空器在可行的范围内符合联邦航空条例(FAR)确立的民用适航标准。通常,要求民用航空器符合 FAR 要求,公共法则指定 FAA 为美国国家空域系统的管理者和 FAR 要求的实施者。然而,空军拥有和使用的航空器属于"公众的"航空器,空军是(这类航空器)适航审查的责任机构。只要可行,空军要采用 FAR 作为最低要求建立适航性基线。系统项目主任(SPD)全面负责适航性工作,当 FAR 不适用时,他将采用空军的改型程序。该项目主任负责对民用派生型混合用途航空器进行的工程设计、试验和改型。

(3)空军应努力保证为空军民用派生型混合用途航空器研制的航空电子或其他设备满足或超过民用设计标准的要求,该设计标准符合被采购航空器适用的适航性要求和采用的 FAR。除了 FAR 的要求或该项目为军用货架产品之外,当任务有需要时,还要满足军用设计标准的要求。

(4)空军可以接受和使用 FAA 的评定和检查结果,以便减少重复工作。

(5)对空军而言,理想的解决方案是获得和保持完整的 FAA 颁发的民用派生型航空器的型号合格证。在采购和持有民用派生型航空器时,尽可能贴近其民用对象是最理想的,但这常常是不现实的。任务要求可能与 FAR 要求背道而驰,致使 FAA 的合格审定费用极高,几乎是不可能进行的。某些任务要求民用派生型混合用途航空器作某种程度的改型,由 FAA 进行型号合格审定或补充型号合格审定是不现实和不可能的。为了补救这种情况，航空器可以分解（发动机、航空电子、机身）为FAA型号合格审查的和“政府批准的”两部分。不影响适航性的专用任务设备和改型是执行政府批准程序而不进行FAA合格审查的合适的例子。通过获得和保持型号合格审查或补充型号合格审查的航空器或航空器的一部分所获取的来自于利用FAA认定的零件库的费用好处，以及利用民用派生型混合用途航空器的合同规定的后勤保障的FAR保持/维修基线。这就保证了与该航空器民用对象相当的最低安全水平和适航性。

(6)本指南确立了下列职责和权限：

1)主管民用航空的主任助理（AF/XOO－CA）确立适航政策。AF/XOO－CA还负责就整个项目和计划与FAA保持联系，与FAA协调条例和政策文件，与FAA就机构间的保障协调进行谈判。

2)空军后勤部（AF/IL）监督美国空军民用派生型混合用途航空器的适航过程。

3)主管采办的助理空军部长（SAF/AQ）负责制定顺畅的采办过程，集成最佳的民用做法，制定民用派生型混合用途航空器的合同流程，并直接向空军装备司令部（HQ AFMC）提供项目管理指南（PMD）。

4)系统项目主任（SPD）对民用派生型混合用途航空器的改型拥有最终的批准权限。

(7)本政策指南适用于与美国空军、国家航空警备队和空军预备队的民用派生型混合用途航空器的要求制定、采购、合格审查及维修相关的所有人员。

(8)符合性度量。每年的12月15日，民用派生型混合用途航空器项目的SPD应向美国空军司令部主管民用航空的主任助理（HQ USAF/XOO－CA）提交一份机群的调查报告。该报告要标明任务设计序列（MDS），对应的民用航空器，并用尾号详细说明项目中航空器的总数；通过RCS:《美国空军民用派生型航空器年度评定》（HAF XOO(A)9343）报告的形式进行报告。在紧急情况下可进行不定期报告，要在最短的时间内完成不定期报告。

(9)本指南是针对民用派生型混合用途航空器的。而AFPD 62－4是针对民用派生型运载乘客航空器的适航标准。

美国国防部（DOD）与联邦航空局（FAA）于2004年9月10日就“民转军”型航空器的适航性管理签订专门协议（MOA），在此协议基础上，美国联邦航空局（FAA）成立了“军用合格审定办公室（MCO）”，具体负责此类航空器的适航性审定工作。美国空军不再重复美国联邦航空局(FAA)对这类“民转军”型航空器已经进行过的型号适航合格审定工作。但对于此类航空器军事改装部分的审查工作仍由美国空军负责,同时美国空军有责任保持此类航空器在使用与维修时应具有最高的安全水平。

(1)2004 年 9 月 10 日,美国国防部(DOD)与联邦航空局(FAA)签署协定备忘录(MOA),内容主要包括:

1)对民用飞机派生为军用飞机在 DOD、FAA、工业部门之间提供技术联络及支持。

2)处于公众利益的需要,支持国家防务、工业部门利益和采办改革。

3)国防部提供经费,补偿联邦航空局在 CDA 项目上的支出。

4)确保国防部项目得到足够优先权和支持。

(2)MCO 的内容包括以下几方面:

1)对于复杂项目和那些跨领域多用途交叉项目,履行 FAA 的程序管理和完整性作用。

2)对于军用项目特殊要求,在对独立申请人和改进合格审定支持方面制定有关的政策、方针和程序。

3)与国防部和申请人一起确定适当的适航解决方案,尽可能地将在 CDA 军用飞机项目中的合格审定利益最大化。

4)FAA 按 MOA 获得 MCO 每次活动的补偿。

5)应当在军用新项目的初始阶段通知 MCO。

6)一个 MCO 项目程序上必须有一个军方的管理人,以便约束下列行为:

ⅰ)承包商/申请人必须与军方签订合同;

ⅱ)军方应当给 MCO 进行书面授权。

7)根据国防部(DoD)/联邦航空局(FAA)协定备忘录(MOA),合格审定支持工作将按照以下两种情况之一执行:

ⅰ)基线支持服务(Baseline Support Services);

ⅱ)方案特定服务(Program Specific Services);

8)对于商用飞机改装,将提供基线支持服务方式,并适用于以下的情况:

ⅰ)飞机基本使命(如旅客和/或货物的运输)没有改变;

ⅱ)飞行情况在 FAA 审定的范围之内(或可以由维修调节);

ⅲ)FAA 专家和/或民用标准有效;

ⅳ)飞机的使用和维修与民用型号审定运营和维修情况一致;

ⅴ)民机制造商提出型号改装。

9)对于基线支持服务不适用的 CDA 改装军事服务将提供方案特定服务，FAA 支持其合格审查、持续适航和技术帮助。

10)FAA 和装备采办服务部门协商确定“方案特定服务协定(PSSAs)”，支持具体方案。

11)FAA 对供给服务部门要求进行成本估计。

12)每个 PSSA 必须规定：

ⅰ)交付计划；

ⅱ)执行周期；

ⅲ)经费；

ⅳ)(投标)服务概述。

13)供给服务部门可以在 MOA 规定范围内要求提供其他服务，但无须特别说明。除非 FAA 和供给服务部门协商执行 PSSA 方式，MCO 将提供这些服务作为基线支持服务的一部分。

(3)FAA MOC 和 DoD 的伙伴关系如下：

1)当军用飞机项目需要合格审定支持时，军方通知 FAA 的 MCO。

ⅰ)项目范围的早期讨论；

ⅱ)RFP(提案申请)要求的早期定义；

ⅲ)MCO 能够帮助评价 Source Selection 的提议；

ⅳ)PSSA 和 FAA 工作说明的周期性改进。

2)当国防部和 FAA 处于 Same Page 状态时，协调可以帮助承包商/申请人。

3)FAA MCO 帮助制定新的政策，支持 CDA 飞机合格审定制定和改进标准化情况。

(4)MOC 概要如下：

1)对于 CDA 飞机，国防部、FAA 和工业部门必须一同合作以确定使用合适和有效的适航标准。

2)FAA 和申请人的关系与角色方面不同于国防部与承包商的角色。

3)FAA 的合格审定是严谨的适航过程，不像做选择题那么简单。

4)TACC(剪裁的适航合格审定标准)适航完整性的成功关键是理解 MIL-HDBK-516A 和民用标准的相似和差异。

5)为了完成 CDA 任务，FAA MCO 能够为其他 FAA 办公室、国防部和工业部门提供帮助。

附录 3 FHAs,FTA 和 FMEAs 的关系示例

FHAs,FTA 和 FMEAs 的关系示例如附图 3.1 所示。

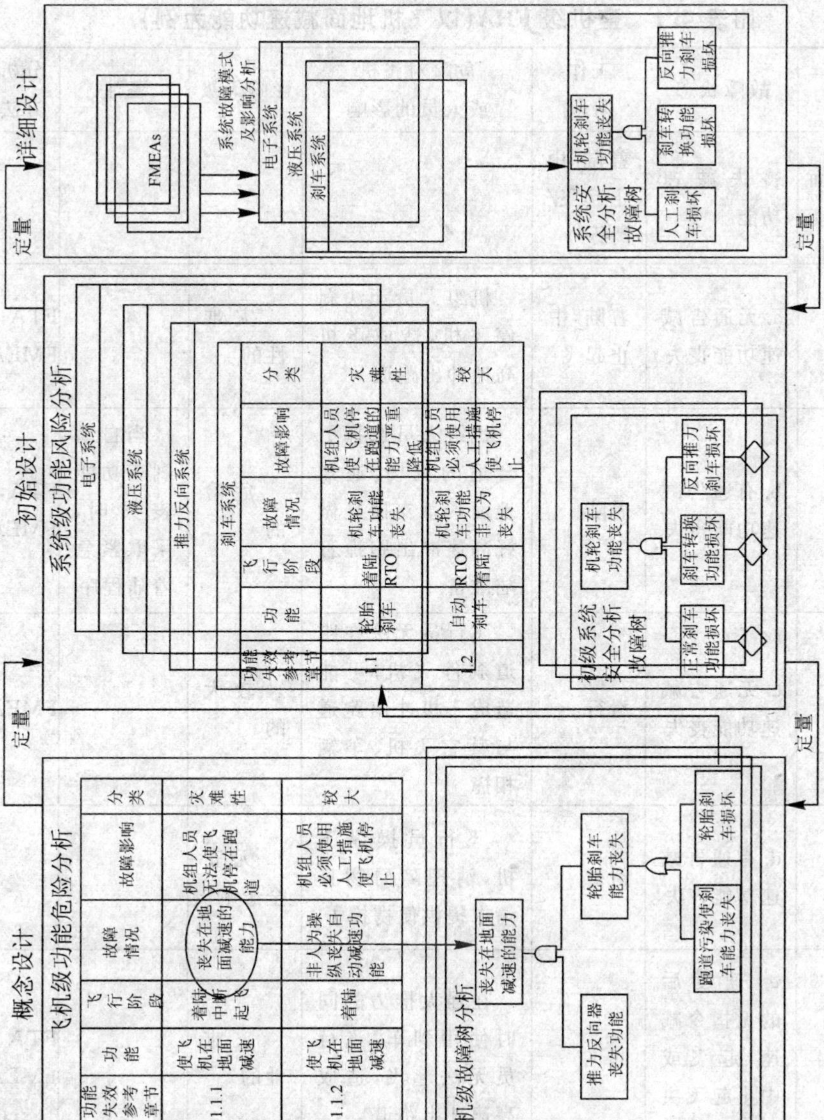

附图3.1 FHAs,FTA和FMEAs的关系示例

附录4　整机级FHA

以飞机地面减速功能为例，介绍整机级FHA(见附表4.1)。

附表4.1　整机级FHA(以飞机地面减速功能为例)

功能	故障状态	工作阶段	危险对飞机或人员的影响	影响等级	备注	分析方法
飞机地面减速功能	丧失减速功能	着陆/中止起飞/滑行				
	a.无通告减速功能丧失	着陆/中止起飞	机组人员无法刹停飞机，造成飞机高速冲出跑道	灾难性的		FTA，FMEA
	b.有通告减速功能丧失	着陆	机组人员选择更合适的机场，通知地面紧急支援且做好高速冲出跑道着陆准备	危险的	当自动刹车功能丧失时，采取紧急着陆程序	FTA，FMEA
	c.无通告减速功能丧失	滑行	飞行员无法在跑道刹停飞机；可能造成飞机冲出跑道与其它飞机、车辆相撞	较大的		FMEA
	d.有通告减速功能丧失	滑行	飞行员操纵飞机，清理障碍物且请求提供便携梯子	无安全影响		
	v_1速度后的无指令减速(起飞或中止起飞决定的速度)	起飞	在强大推力的同时使用刹车，飞行员无法起飞，造成高速冲出跑道	灾难性的		FTA，FMEA

续表

功能	故障状态	工作阶段	危险对飞机或人员的影响	影响等级	备注	分析方法
飞机地面减速功能	丧失部分减速功能	着陆/中止起飞				
	a.无通告部分减速功能丧失	着陆/中止起飞	机组人员无法在规定跑道内刹停飞机,飞机可能冲出跑道	危险的		FTA
	b.有通告部分减速功能丧失	着陆	机组人员选择更合适的机场,通知地面紧急支援且做好飞机冲出跑道着陆准备	较大的	当自动刹车功能丧失时,采取紧急着陆程序	FTA
	c.无通告部分减速功能丧失	滑行	飞行员可能无法准确停在障碍物前,造成低速下碰撞	较小的		
	d.有通告部分减速功能丧失	滑行	飞行员操纵飞机,清理障碍物且请求提供便携梯子	无安全影响		
	自动刹车功能丧失	着陆/中止起飞				

续表

功能	故障状态	工作阶段	危险对飞机或人员的影响	影响等级	备注	分析方法
	a.无通告丧失自动刹车功能	着陆/中止起飞	在着陆/中止起飞时，机组人员采取自动刹车；着陆/起飞之外，自动刹车功能无效，需要飞行员手动刹车，由于需要反映时间，可能造成飞机冲出跑道	较大的		
	b.有通告部分减速功能丧失	着陆	机组人员选择更合适的机场，通知地面做好飞机冲出跑道紧急着陆的支持和准备工作	无安全影响		
	不对称减速	着陆/中止起飞				
	a.无通告不对称减速	着陆/中止起飞	机组人员需要做好不对称减速准备且不能及时控制方向，造成飞机偏离跑道	较大的		
	b.有通告不对称减速	着陆	机组人员需要做好不对称减速准备且适当反向调整方向舵和前轮	较小的		
	c. 不对称减速	滑行	飞机出现稍微的偏转	无安全影响		

附录5　机轮刹车系统FHA

以机轮地面减速为例，介绍机轮刹车系统FHA(见附表5.1)。

附表5.1　机轮刹车系统FHA(以机轮地面减速为例)

功能	故障状态	工作阶段	危险对飞机或人员的影响	影响等级	备注	分析方法
飞机机轮刹车减速	丧失机轮刹车功能	着陆/中断起飞				
	a.无通告丧失机轮刹车	着陆/中断起飞	机组人员在刹车时发现故障，使用扰流板打开和最大反推力减速，可能造成飞机冲出跑道	危险的		FTA
	b.有通告丧失机轮刹车	着陆	机组人员选择更合适的机场，通知地面紧急支援且做好冲出跑道着陆准备，机组人员使用扰流板打开和最大反推力来减速	危险的		FTA
	部分丧失平衡机轮刹车	着陆/中止起飞				
	a.无通告部分丧失平衡机轮刹车功能	着陆/中断起飞	使用刹车时机组人员发现故障，机组人员使用有效的刹车，打开扰流板和最大反推力来减速。负载机轮温度升高且可能造成机轮/轮胎故障。刹车多次失效，飞机可能冲出跑道	较大到危险的	影响等级判断须进一步讨论	TBD

续表

功能	故障状态	工作阶段	危险对飞机或人员的影响	影响等级	备注	分析方法
	b. 有通告部分丧失平衡机轮刹车功能	着陆	在着陆前，机组人员意识到存在丧失部分刹车功能，刹车时使用扰流板打开和最大反推力来减速。受载荷的机轮温度升高且可能造成机轮/轮胎损坏，多次刹车失效飞机可能冲出跑道。	较大的		
	部分丧失平衡机轮刹车功能	着陆/中止起飞				
	a. 不对称丧失机轮刹车功能	着陆/中断起飞	降低刹车性能；容易旋出跑道，对于刹车性能和刹车温度的影响和上述的部分丧失刹车功能的相同。机组人员高速使用方向舵和低速使用前轮控制来使飞机保持在跑道内。	TBD	影响等级判断须进一步讨论	
	b. 不对称丧失机轮刹车功能和丧失方向舵或者前轮功能	着陆	降低刹车性能；容易旋出跑道。对于刹车性能和刹车温度的影响和上述的部分丧失刹车功能的相同。机组人员不能把握跑道中心而造成偏离	灾难性的		FTA

续表

功能	故障状态	工作阶段	危险对飞机或人员的影响	影响等级	备注	分析方法
	无指令应用机轮刹车					
	a. 机轮非锁定无指令使用机轮刹车	v_1 速度前起飞	飞行员需要停靠飞机在跑道	较小的		
	b. 所有机轮非锁定情况下无指令应用机轮刹车	v_1 速度前起飞	轮胎可能爆裂且丧失有效刹车	危险的		FTA
	c. 所有机轮非锁定情况下无指令应用机轮刹车	v_1 速度后起飞	机组人员不能起飞或者安全中断起飞，造成高速冲出跑道	灾难性的		FTA
	d. 未发现的所有机轮非锁定情况下无指令应用机轮刹车	起飞	机组人员不能发现由于较小的不对称造成的故障，刹车温度可能达到高温。机组人员收起起落架，可能造成机轮或者轮胎故障	灾难性的		FTA
	e. 机轮非锁定且发现高温刹车下午指令应用一侧机轮刹车	起飞	机组人员不能发现由于较小的不对称造成的故障，刹车温度可能达到高温。机组人员发现刹车高温且让起落架降温来刹车	较小的	当发现高温刹车时，起落架操作人员采取应对程序	

参 考 文 献

[1] MIL-STD-882 D. Standard practice for system safety[S]. The U. S. Department of Defense, 2000.

[2] MIL-HDBK-516 B. Airworthiness certification criteria[S]. The U. S. Department of Defense, 2005.

[3] ARP 4761. Aerospace Recommended Practice, Guidelines and Methods for Conducting the Safety Assessment Process on Civil Airborne Systems and Equipment[S]. The U. S. Society of Automotive Engineers, 1996.

[4] ARP 4754. The Engineering Society for Advancing Mobility Land Sea Air and Space, Certification considerations for highly-integrated or complex aircraft systems[S]. The U. S. Society of Automotive Engineers, 1996.

[5] GJB 900-90. 系统安全性通用大纲[S]. 北京:国防科学技术工业委员会,1990.

[6] FAR 25. Airworthiness standards: transport category airplanes[S]. The U. S. FAA, 2005.

[7] FAR 23. Airworthiness standards: normal, utility, acrobatic, and commuter category airplanes [S]. The U. S. FAA, 2006.

[8] FAR 33. Airworthiness standards: aircraft engines[S]. The U. S. FAA, 1998.

[9] DEF STAN 00-970, Design and Airworthiness Requirements[S]. The U. K. Department of Defense, 2007.

[10] 朱凤驭,刘延生,钟兆文. 民用飞机适航管理[M]. 北京:国防工业出版社,1991.

[11] 中国民用航空总局航空器适航司. 中国民用航空器适航管理[M]. 北京:中国民航出版社,1994.

[12] AC 25-7A. 运输类合格审定飞机飞行试验指南[S]. 阎良:中国飞行试验研究院,2003.

[13] CCAR-25-R 3. 运输类飞机适航标准[S]. 北京:中国民用航空总局,2001.

[14] CCAR-23-R 3. 正常类、实用类、特技类和通勤类飞机适航规定[S]. 北京:中国民用航空总局,2004.

[15] CCAR-33-R 3. 航空发动机适航规定[S]. 北京:中国民用航空总局,2002.